U0271184

# 中国墨兰名品赏培

许东生 编著

中国农业出版社

## 题墨兰（七律）

姗姗秀骨异寻常，
　　几度品题喜欲狂。

不惜千金求插帽，
　　真堪一月省焚香。

花开秃笔迎风舞，
　　雨过幽窗泼墨忙。

漫道画工无绝技，
　　毫端时现美人妆。

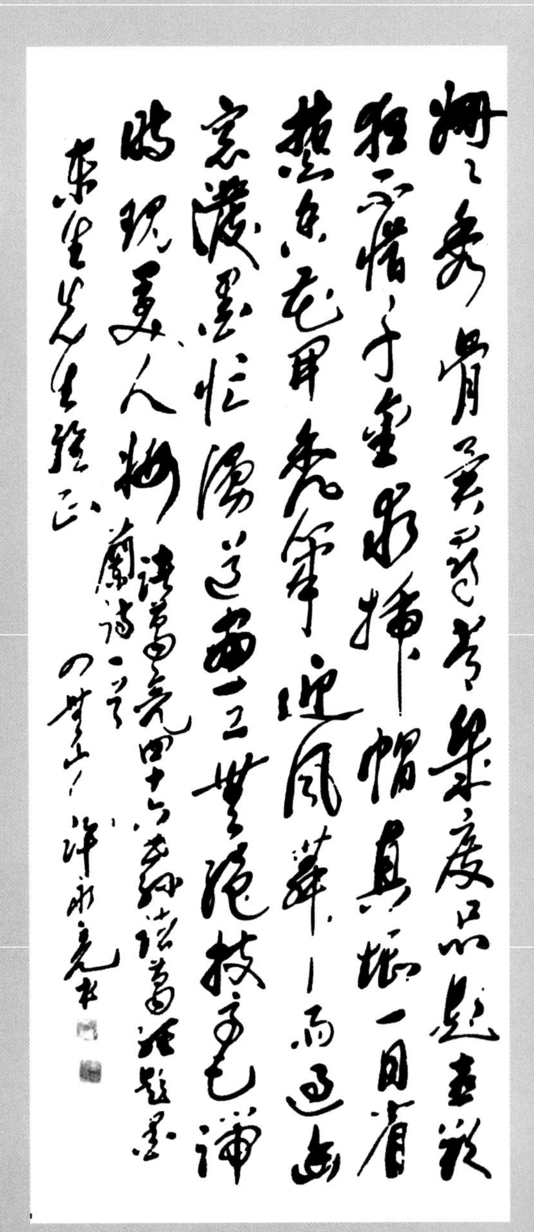

**诗作者**

诸葛经（1905—1978），字卓人，号卧龙居士，兰溪诸葛前宅村人。擅画兰竹，题诗颇多，似白话琅琅上口。落款常书“诸葛亮四十六世孙”。

**书法作者**

许永亮，字倩山。贵州绥阳人。中国古代怀素书法研究会研究员、中国硬笔书法家协会会员、贵州省兰花协会会员。书作入选《20世纪世界书法作品鉴赏》、《国际硬笔书法家观止》等多种书集及“长白山杯”等全国展赛并获奖。

本书比较系统地介绍了墨兰魅力、栽培历史、资源分布、形态特征、生物学特性、品种分类、栽培方法、养护要点、促控技艺、病虫防治、名品选介、鉴赏应用等内容。并附有300张墨兰新优名品彩照。

全书力求有一定的科学性、知识性的同时，突出新颖性、实用性和艺术性。在资源保护上，提出了切合实际的新见解；在形态特征的描述中，融入种质识别常识；在生物学特性的阐述中，谈及生态条件对植株的利害关系；在栽培、养护、促控中，突出因地制宜、经济简便；在植保上，独辟蹊径，依斑色归类辨证施治，强调防治观念与防治技艺并重；在鉴赏上，注重实际，重在利用；在名种介绍上，尊重客观、点明进退化的形式与致因的同时，顾及鉴赏常识的普及与规范。这，也许对墨兰的爱好者、生产经营者、花卉科技工作者、园艺专业师生有所参考。

藝培蘭園

陳心啓书

许东生，出身于闽西南结合部之永福花乡。为退休中学教师、科普作家、《中国兰花》杂志特约记者。

其父是道路工程师，在野外勘测时被兰的幽芳所打动而引种，也有缘广为搜集兰花良种。作者小时，乐于随父上山采兰，勤于养兰。16岁应招入伍，从事文秘工作，中断了养兰。18岁调往水电勘测队，有便采兰、养兰。19岁考入大专，21岁从教，更有时间养兰，还可利用假期周游各产兰大区，学习、考察、采集，也更有条件实验探索兰艺。自从有花卉报刊起，就不断发表有关兰艺的文章。1999年夏起开始著书，作品有《家养兰花100问》、《中国兰花栽培与鉴赏》、《兰花赏培600问》、《中国建兰名品赏培》。

作者联系地址：364401　福建省漳平市永福镇封侯村艺培兰园

独能迎合人的意愿，擅于春节期间献艳送芳、呈祥兆瑞、恭祝来年大发的墨兰，确实魅力非凡，人见人爱！

自1999年夏，拙作《家养兰花100问》发行后，就有兰友建议写本墨兰。到2000年秋，笔者的第三部作品《中国建兰名品赏培》面世后，电问《中国墨兰名品赏培》何时发行者，不计其数。为了不辜负兰友们的殷切希望，只好在编完《兰花赏培600问》之后，马不停蹄地潜心笔耕。在海内外广大兰家兰友的大力支持之下，终于草就。又蒙中国农业出版社石飞华等有关同志的热心关照与努力，得以与大家见面。

作为墨兰产区的兰痴，也曾饱尝莳养墨兰的甜酸苦辣，为了大家能常赏其甜美，少受或免受其酸苦辣，只好不厌其烦地把领略到之奥秘，逐一相告。愿它能对大家有所裨益。但由于笔者见识欠广，实验面还窄，条件也相当有限，书中难免会有疏漏和缪误，诚请诸君不吝赐教。

在成书的过程中，承蒙广东的谭福台、陈少敏、李明；台湾的郭明奎；澳门的冯刚毅；广西的吴能新、黄卫东、吴克坚、卓一丹、张仕金；江西的潘颂和；贵州的薛天民、许永亮；云南的周云芳；四川的邓少康；福建的薛国荣等兰花园艺家和广大兰友的大力支持，热诚提供了数千幅珍贵兰照。谨此致以诚挚的谢意。限于篇幅，只能针对性地选用一小部分。至于墨兰品种的命名与点评，均未及一一征求意见。冒昧之处，敬请恕谅，更欢迎批评，以便此书有缘再版时予以修正。

愿墨兰生机盎然的雄姿，常祝您拼搏成功！绚丽多彩的芳容，应期增添您欢度春节的情感，恭祝您生活甜美，康寿并臻！

许东生

2002年6月8日

## 一、稀珍色花类


1-1 蓝宝石 ………………………… (12)
1-2 红素墨 ………………………… (12)
1-3 黑素墨 ………………………… (13)
1-4 金素墨 ………………………… (13)
1-5 绿素墨 ………………………… (13)
1-6 白素墨 ………………………… (13)


## 二、图画斑艺类


2-1 桂林秀峰 ……………………… (14)
2-2 漓江春色 ……………………… (14)
2-3 桂林之春 ……………………… (15)
2-4 庐山险峰 ……………………… (15)
2-5 岭南春光 ……………………… (15)
2-6 大江南北 ……………………… (15)
2-7 春花烂漫 ……………………… (15)
2-8 群峰叠翠 ……………………… (15)
2-9 奇峰突兀 ……………………… (15)
2-10 蓬莱仙境 ……………………… (15)
2-11 平南云海 ……………………… (15)
2-12 天马行空 ……………………… (16)
2-13 峨眉春光 ……………………… (16)
2-14 江水涛涛 ……………………… (17)
2-15 佛光幻景 ……………………… (17)
2-16 彩云竞姿 ……………………… (17)
2-17 锦绣江山 ……………………… (17)
2-18 龚州春天 ……………………… (17)
2-19 庐山风光 ……………………… (17)
2-20 玉林 …………………………… (17)
2-21 桂林山水 ……………………… (18)
2-22 无限风光在险峰 ……………… (18)
2-23 春之光 ………………………… (18)
2-24 春之华 ………………………… (19)
2-25 别有洞天 ……………………… (19)
2-26 仙人洞 ………………………… (19)
2-27 天山云海 ……………………… (19)
2-28 那坡云海 ……………………… (19)
2-29 彩云追月 ……………………… (20)
2-30 北国风光 ……………………… (20)
2-31 雪峰 …………………………… (20)
2-32 曙光 …………………………… (21)
2-33 画冠花 ………………………… (21)
2-34 岭南锦绣 ……………………… (21)
2-35 南国之春 ……………………… (21)
2-36 朝霞 …………………………… (21)
2-37 龙图 …………………………… (21)
2-38 古绫罗 ………………………… (21)


## 三、奇花类


3-1 神州奇 ………………………… (22)
3-2 火龙 …………………………… (22)
3-3 黑玫瑰 ………………………… (23)
3-4 腾龙聚蝶 ……………………… (23)
3-5 东方翡翠 ……………………… (23)
3-6 红斑奇 ………………………… (24)
3-7 台上锦 ………………………… (25)

3-8 红菊 …… (24)
3-9 双舌红 …… (25)
3-10 禅宗之光 …… (25)
3-11 捧舌奇 …… (26)
3-12 母子花 …… (26)
3-13 梦幻 …… (27)
3-14 秋二香 …… (27)
3-15 小红菊 …… (27)
3-16 叉萼奇 …… (27)
3-17 八奇利 …… (27)
3-18 艺辉 …… (27)
3-19 雄象 …… (27)
3-20 鲜红奇 …… (27)
3-21 向阳奇 …… (28)
3-22 新桂麒麟 …… (28)
3-23 大顿麒麟 …… (28)
3-24 龚州奇 …… (29)
3-25 宝山奇 …… (29)
3-26 红舌奇 …… (29)
3-27 红莲 …… (29)
3-28 金凤朝阳 …… (29)

## 四、矮种奇叶类

4-1 珍珠龙 …… (30)
4-2 龙梅 …… (30)
4-3 二八 …… (30)
4-4 高艺达摩 …… (31)
4-5 指墨 …… (31)
4-6 东方明珠 …… (31)
4-7 青叶达摩 …… (31)
4-8 蛤蟆矮 …… (31)
4-9 飞龙 …… (31)
4-10 达吉 …… (31)
4-11 雪爪矮 …… (32)
4-12 扭皱 …… (32)
4-13 蓝矮 …… (33)
4-14 乐天 …… (33)
4-15 聚龙 …… (33)
4-16 双龙 …… (33)
4-17 雪轮 …… (33)
4-18 飞瓢 …… (33)
4-19 勾嘴虎 …… (33)
4-20 芭蕉矮 …… (33)

## 五、素心类

5-1 旭日素 …… (34)
5-2 伴侣素 …… (34)
5-3 链纹桃腮素 …… (35)
5-4 长舌素 …… (35)
5-5 分莛秋素 …… (35)
5-6 龙头素 …… (35)
5-7 绿轮黄素 …… (35)
5-8 苗腰素 …… (35)
5-9 秋白素 …… (36)
5-10 黄金宝 …… (36)

5-11 矮钟素荷 ……………… (37)
5-12 龙素墨 ……………… (37)
5-13 矮素奇 ……………… (37)
5-14 绿嘴素蝶 ……………… (37)
5-15 鸳鸯素蝶 ……………… (37)

## 六、瓣型花类

6-1 岭南大梅 ……………… (38)
6-2 龚州晶龙 ……………… (39)
6-3 望月 ……………… (38)
6-4 桂龙荷 ……………… (39)
6-5 金红荷 ……………… (39)
6-6 金彩荷 ……………… (40)
6-7 金桂荷 ……………… (40)
6-8 虹 ……………… (41)
6-9 五彩飞龙 ……………… (41)
6-10 南国水仙 ……………… (41)
6-11 绿环仙 ……………… (42)
6-12 红彩荷仙 ……………… (42)
6-13 黑荷仙 ……………… (43)
6-14 金大仙 ……………… (43)
6-15 贺仙 ……………… (43)
6-16 紫金铃 ……………… (43)

## 七、水晶艺类

7-1 祥寿奇宝 ……………… (44)
7-2 如意晶冠 ……………… (44)
7-3 芦晶 ……………… (44)
7-4 狮子头 ……………… (45)
7-5 晶龙花 ……………… (45)
7-6 晶龙脉 ……………… (45)
7-7 揽月 ……………… (46)
7-8 晶轮 ……………… (46)
7-9 皱龙晶 ……………… (47)
7-10 飞流 ……………… (47)
7-11 奇凤晶 ……………… (47)
7-12 奇妙水晶 ……………… (47)
7-13 水晶奇蝶 ……………… (48)
7-14 皱尖水晶 ……………… (48)
7-15 粤东晶龙 ……………… (48)
7-16 奇妙晶龙 ……………… (49)
7-17 凤求朝 ……………… (49)
7-18 红龙水晶 ……………… (49)
7-19 鹰嘴水晶 ……………… (49)
7-20 富贵水晶 ……………… (50)
7-21 帝王水晶 ……………… (50)
7-22 鹅头水晶 ……………… (50)
7-23 紫晶龙 ……………… (51)
7-24 奇异水晶 ……………… (51)
7-25 硬捧水晶 ……………… (51)
7-26 金菇 ……………… (51)

## 八、蝶花类

8-1 金樽蝶 ……………… (52)
8-2 大捧蝶 ……………… (52)
8-3 墨捧蝶 ……………… (52)

8-4 筝蝶 ………………………… (53)
8-5 中国奇蝶 ……………………… (53)
8-6 宝岛奇 ………………………… (53)
8-7 台蝶颂 ………………………… (54)
8-8 思康蝶 ………………………… (54)
8-9 复色三舌蝶 …………………… (55)
8-10 翠花蝶 ………………………… (55)
8-11 金捧蝶 ………………………… (55)
8-12 翡翠蝶 ………………………… (55)
8-13 红三蝶 ………………………… (56)
8-14 三多奇蝶 ……………………… (56)
8-15 康寿蝶 ………………………… (57)
8-16 鸳鸯彩蝶 ……………………… (57)
8-17 聚顶蝶 ………………………… (57)
8-18 紫垂蝶 ………………………… (57)
8-19 大肩蝶 ………………………… (57)
8-20 文汉奇蝶 ……………………… (57)
8-21 红舌肩蝶 ……………………… (58)
8-22 花溪荷蝶 ……………………… (58)
8-23 番山奇蝶 ……………………… (59)
8-24 十艳蝶 ………………………… (59)
8-25 大双蝶 ………………………… (59)
8-26 奇萼星蝶 ……………………… (59)
8-27 岭南奇蝶 ……………………… (59)
8-28 新丰蝶 ………………………… (59)
8-29 回归蝶 ………………………… (59)
8-30 红缟蝶 ………………………… (59)

## 九、线艺类

9-1 白玉素锦（中斑缟艺）…… (60)
9-2 白玉素锦（养老艺）……… (60)
9-3 白玉素锦（中斑艺）……… (61)
9-4 白玉素锦（中缟艺）……… (61)
9-5 白玉素锦（爪艺）………… (61)
9-6 白玉素锦（花特写）……… (61)
9-7 红脉艺 ………………………… (62)
9-8 石门宝 ………………………… (62)
9-9 松鹤图 ………………………… (62)
9-10 大石门瑞玉艺 ………………… (63)
9-11 龙凤冠 ………………………… (63)
9-12 华王锦 ………………………… (63)
9-13 玉妃 …………………………… (63)
9-14 黎明 …………………………… (64)
9-15 爱国 …………………………… (64)
9-16 瑞玉 …………………………… (65)
9-17 筑紫之华 ……………………… (65)
9-18 白金养老 ……………………… (65)
9-19 金玉满堂 ……………………… (65)
9-20 长崎大勋 ……………………… (65)
9-21 养老 …………………………… (65)
9-22 龙凤冠 ………………………… (66)
9-23 黄金养老 ……………………… (66)
9-24 金玉宝龙 ……………………… (67)
9-25 新高山 ………………………… (67)
9-26 养老之松 ……………………… (67)
9-27 黄道 …………………………… (67)

9-28 筑紫之松 ………………… (67)
9-29 金鸟 ………………… (67)
9-30 梦中玉 ………………… (67)
9-31 复兴宝 ………………… (68)
9-32 金山 ………………… (68)
9-33 大勋 ………………… (68)
9-34 翡翠玉 ………………… (69)
9-35 万年富贵 ………………… (69)
9-36 新林 ………………… (69)
9-37 龙凤呈祥 ………………… (69)
9-38 长春晃 ………………… (69)
9-39 银凤 ………………… (69)
9-40 双美人 ………………… (69)
9-41 吉星高照 ………………… (69)
9-42 绝世佳人 ………………… (69)
9-43 旭晃 ………………… (70)
9-44 河东狮吼 ………………… (70)
9-45 万代福 ………………… (70)
9-46 大雪岭 ………………… (71)
9-47 玉松 ………………… (71)
9-48 太阳 ………………… (71)
9-49 桑原晃 ………………… (71)
9-50 满天星 ………………… (71)
9-51 鹤之华 ………………… (71)
9-52 瑞宝 ………………… (71)
9-53 银道 ………………… (71)
9-54 雪玉 ………………… (72)
9-55 天河 ………………… (72)
9-56 红宝 ………………… (72)
9-57 天宇 ………………… (73)
9-58 琥珀金龙 ………………… (73)
9-59 玉霞龙 ………………… (73)
9-60 银川 ………………… (73)
9-61 飞瀑 ………………… (73)
9-62 黑琥珀 ………………… (73)
9-63 银边大贡 ………………… (73)
9-64 白三界 ………………… (74)
9-65 白旭锦 ………………… (74)
9-66 新兴之光 ………………… (74)
9-67 雪花 ………………… (75)
9-68 仙鹤 ………………… (75)
9-69 绿斑玉 ………………… (75)
9-70 多银 ………………… (75)
9-71 玉霞 ………………… (75)
9-72 红中王 ………………… (75)

## 十、花艺类

10-1 笑仙 ………………… (76)
10-2 红舌玉 ………………… (76)
10-3 闽西红 ………………… (77)
10-4 红钻石 ………………… (77)
10-5 圣姑 ………………… (77)
10-6 满堂红 ………………… (79)
10-7 长素舌 ………………… (78)
10-8 卷瓣红 ………………… (79)
10-9 玛瑙 ………………… (78)

10-10 黄鹂 ……………………… (79)
10-11 凤凰 ……………………… (80)
10-12 天仙姬 ……………………… (80)
10-13 宜姬 ……………………… (81)
10-14 金红娇 ……………………… (81)
10-15 迎春 ……………………… (81)
10-16 红榜 ……………………… (81)
10-17 金红秋香 ……………………… (81)
10-18 红心 ……………………… (81)
10-19 金妃 ……………………… (82)
10-20 黑宝 ……………………… (82)
10-21 黑蜂 ……………………… (83)
10-22 香墨 ……………………… (83)
10-23 企黑 ……………………… (83)
10-24 何仙姑 ……………………… (83)
10-25 红舌燕 ……………………… (83)
10-26 金丝燕 ……………………… (83)
10-27 金鹰 ……………………… (83)
10-28 翠红娇 ……………………… (83)
10-29 飞来红 ……………………… (84)
10-30 翠玉 ……………………… (84)
10-31 粉天鹅 ……………………… (85)
10-32 黑脸 ……………………… (85)
10-33 金红果 ……………………… (85)
10-34 五彩玉 ……………………… (85)
10-35 黑玉 ……………………… (85)
10-36 紫妃 ……………………… (85)
10-37 皇妃 ……………………… (85)
10-38 小仙 ……………………… (85)
10-39 冬桃彩 ……………………… (86)
10-40 金鸟花 ……………………… (86)
10-41 金舌红 ……………………… (87)
10-42 绿宝石 ……………………… (87)
10-43 全王星 ……………………… (87)
10-44 秋玉 ……………………… (87)
10-45 绮彩桃 ……………………… (87)
10-46 攀龙墨 ……………………… (87)
10-47 银翠 ……………………… (87)
10-48 大秋红 ……………………… (87)
10-49 翡红秋香 ……………………… (87)

# 一、稀珍色花类

### 1–1 蓝宝石

前所未闻的叶、莛、柄、花皆蓝的墨兰——蓝宝石，花质色白，浓泛蔚蓝晕、间嵌紫红彩、镶绿边，极似翡翠鸟，也像蓝宝石。它象征诚实，引人思源。寄寓美好的愿望指日可待。启人热爱，催人拼搏。色泽独特，韵味超凡。

广东叶美权、福建许东生培育

### 1–2 红素墨

如此鲜红的花瓣、唇瓣，又有红得发紫的萼片和花莛，在墨兰家族中尚属首见。尽管萼捧中尚披有褐红筋纹，仍不愧为红素墨。这鲜红欲滴的红花，象征红火热烈，寄寓吉祥如意。

广东李明、福建许东生培育

### 1–3 黑素墨

在自然界里，全黑色花本来就稀少，兰花中不全黑的，尚能偶见，全黑的仍属稀有。本品有的花还增生个兜状花瓣，更为难得。这黑花醒目明快，象征黑白分明、无私无悔，寄寓清正廉明、大公无私的奉献精神。

广东陈少敏培育

### 1–4 金素墨

全花如此纯净金黄的素心墨兰，尚属首见。如是富丽堂皇的金黄花，象征荣华富贵，寄寓飞黄腾达、财源滚滚。

广西唐伯泉、廖兆杰培育，吴能新供照

### 1–5 绿素墨

花叶、花莛、花柄、花被，如此翠绿纯净的素心墨兰，实属罕见。这生机盎然的翠绿花，象征意志风发，寄寓马到成功。

广东陈少敏培育

### 1–6 白素墨

素心墨兰品种不少，但如此乳白的也甚罕见。它高洁素雅，象征纯洁无瑕，寄寓玉洁冰清，高风亮节。

广东陈少敏培育

1-1

1-2

1-3

1-5

1-4

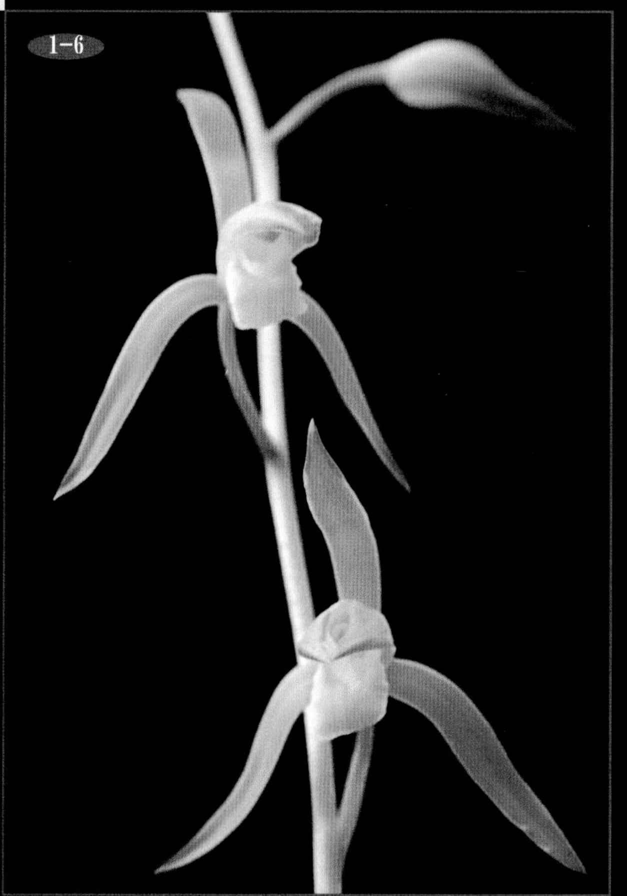
1-6

# 二、图画斑艺类

2-1 桂林秀峰
广东谭福台培育

2-2 漓江春色
广东谭福台培育

2-3 桂林之春
广东谭福台培育

2-4 庐山险峰
广东谭福台培育

2-5 岭南春光
广东谭福台培育

2-6 大江南北
广东谭福台培育

2-7 春花烂漫
广东谭福台培育

2-8 群峰叠翠
广西黄卫东培育

2-9 奇峰突兀
广西张仕金、余瑞新培育

2-10 蓬莱仙境
广西张仕金培育

2-11 平南云海
广西张仕金、余瑞新培育





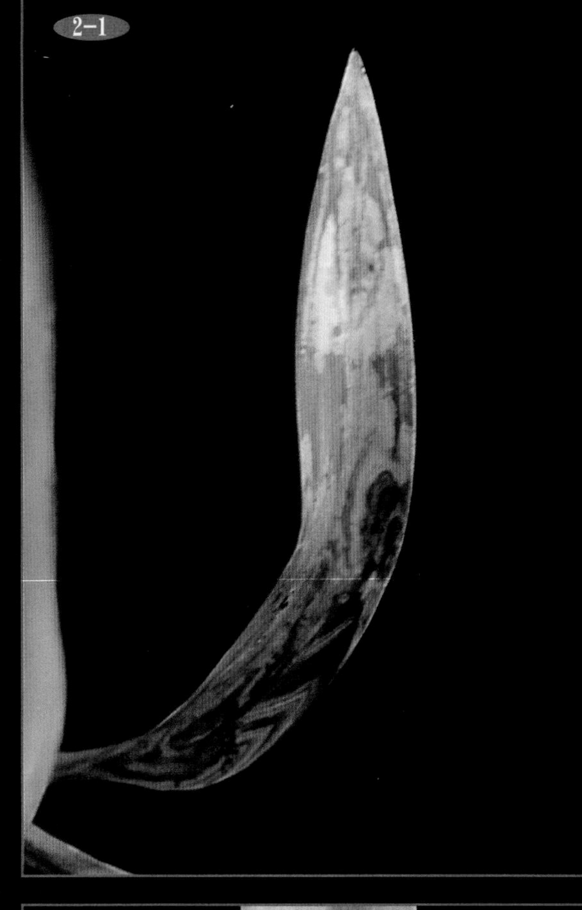
2-1

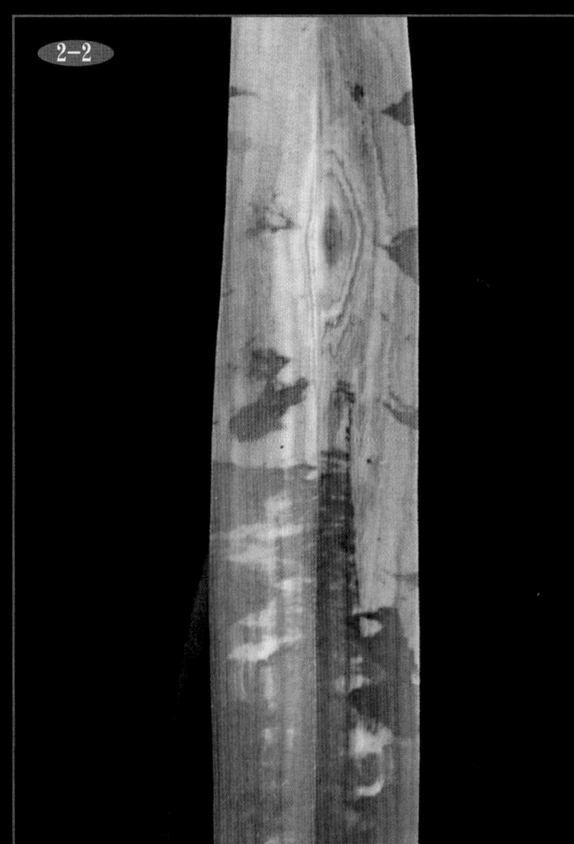
2-2

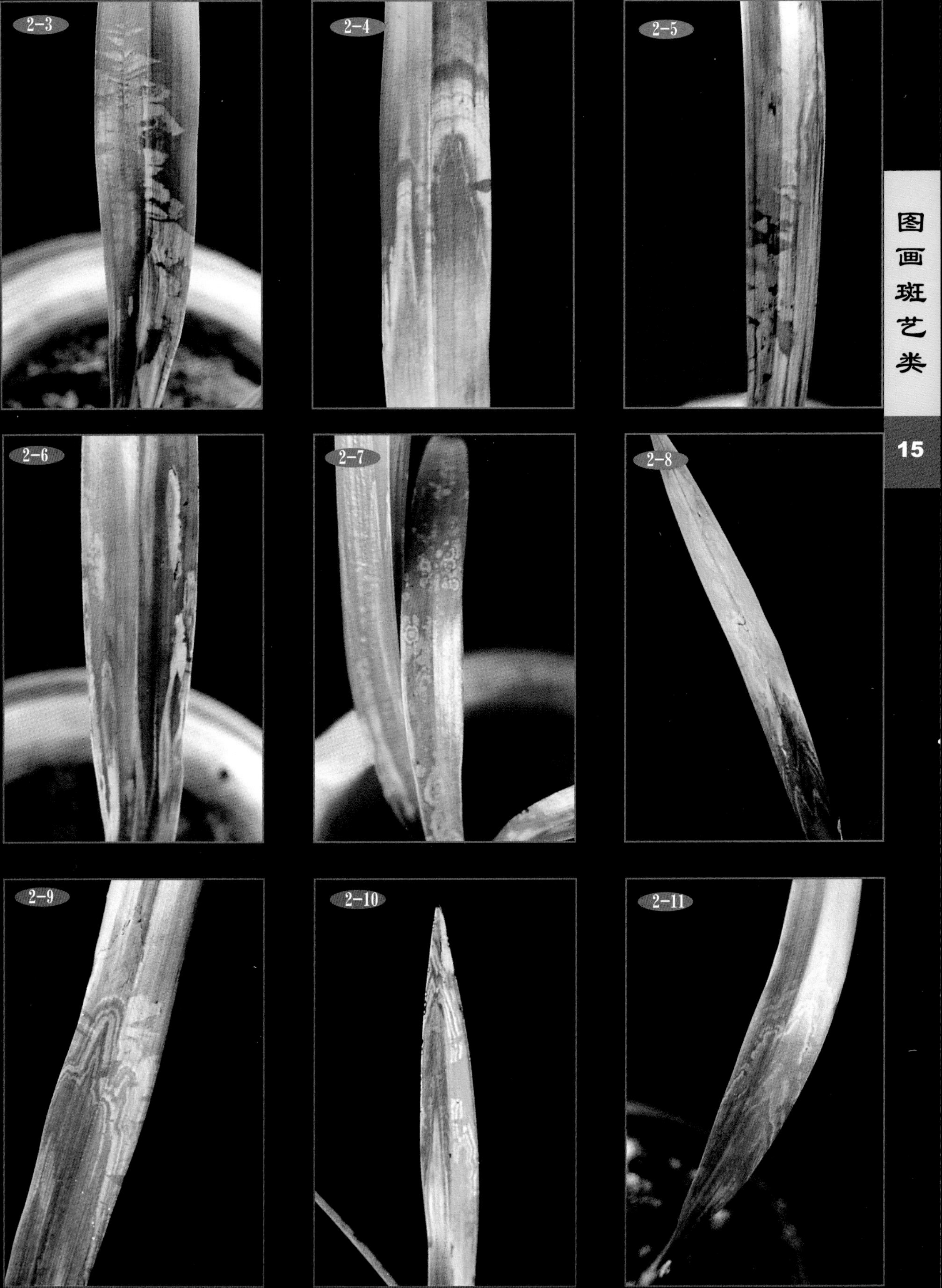
2-3
2-4
2-5
2-6
2-7
2-8
2-9
2-10
2-11

2-12　天马行空

广东谭福台培育

2-13　峨眉春光

广东谭福台培育并摄影

2-14　江水涛涛

广东谭福台培育并摄影

2-15　佛光幻景

此为广西平南下山之墨兰实生苗，为“乐山大佛”型之图画斑艺。

广西张仕金选育

2-16　彩云竞姿

广西张仕金培育

2-17　锦绣江山

广东谭福台培育并摄影

2-18　龚州春天

此为广西平南产之镶晶类山水型图斑艺墨兰，正在续变之中。

广西张仕金、张烽辉培育

2-19　庐山风光

本品分段出斑艺，主要由垂直奇峰画纹构成的山水画面，间以云片斑、绿三角林木画。画面以黄为底色、以绿为艺纹。巍峨的山峰隐现在云雾之中，层峦叠翠、璀璨光环，交相辉映。真是锦绣风光，迷人春色!

广东谭福台培育并摄影

2-20　玉　林

此为镶晶类山水型图斑艺墨兰。由秀峰斑、圆弧斑、云片斑组成画面。

广东谭福台培育并摄影

2-12

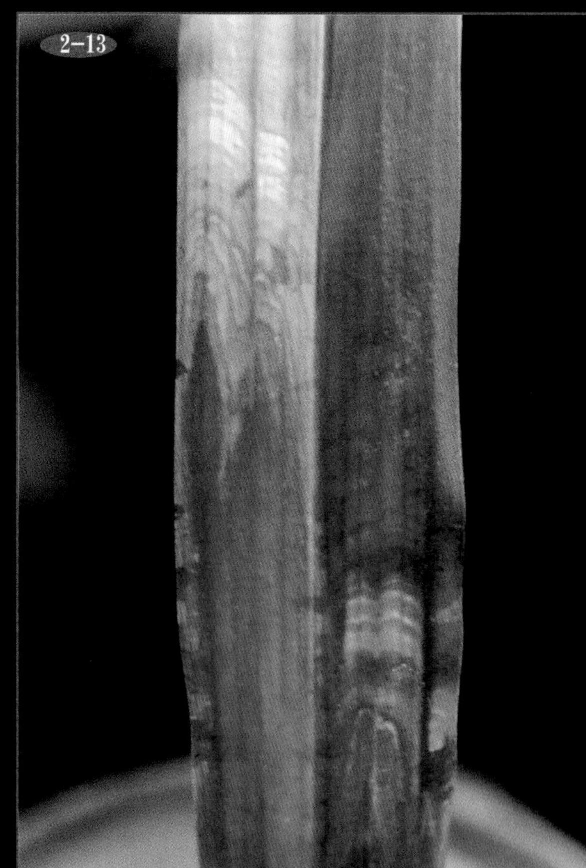

2-13

2-14

2-15

2-16

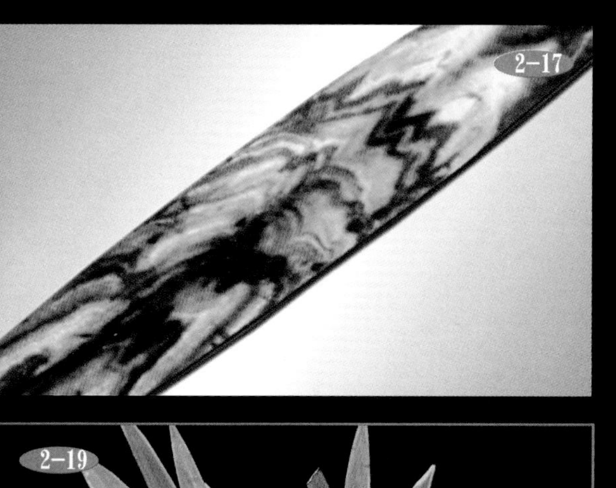
2-17

2-18

2-19

2-20

## 2-21 桂林山水

本品属镶晶类山水型图画斑艺墨兰。主要由木纹斑、山形斑、日出斑、绿三角斑构成画面。本品为后明性艺兰，分批出现。一旦全部出艺，有如旭日东升，喷射而出，可谓奇趣天成、美不胜收。

广东谭福台培育并摄影

## 2-22 无限风光在险峰

本品为镶晶类山峰型图斑艺墨兰。山峰画斑、云雾画斑组成画面。奇峰突兀、云雾缭绕，风景这边独好！

广东谭福台培育并摄影

## 2-23 春之光

本品为镶晶类多型斑墨兰。由雨点斑、云片斑、圆弧斑、鱼鳞斑、山形斑等组成画面。斑纹精细，别具风采。

广东谭福台培育并摄影

## 2-24 春之华

本品系镶晶类图画斑艺墨兰。主要由雨点斑、棉花斑、圆弧斑等组成画面。那一点点、一圈圈、一朵朵宛如盛开的山花；那一重重、一座座山峦叠翠；那一排排、一簇簇绿三角林木，给人春光明媚、百花竞艳之美感。

广东谭福台培育并摄影

## 2-25 别有洞天

此为镶晶类日出型图斑艺墨兰。

主叶上，绿林之中透出一束光环，而名为别有洞天。灿烂的阳光辉映林海，秀丽无比。

广东谭福台培育并摄影

## 2-26 仙人洞

此为镶晶类彩云型图斑艺墨兰。

主叶上，绿色的林海中，下洞与上洞相连，灵气十足，金光闪烁，风韵不凡。

广东谭福台培育并摄影

## 2-27 天山云海

此为镶晶类彩云型图斑艺墨兰。该图斑艺为后明性，这新株，初现斑艺，随着叶片的发育，艺形收益丰富。其叶背之黄色瘤凸物，为晶眼的早期征兆。

广东李明、福建许东生培育

## 2-28 那坡云海

本品为镶晶类云海型图斑艺墨兰。

广西黄卫东供照

2-21

2-22

2-23

2-25

2-26

2-27

2-28

## 2-29 彩云追月

此为镶晶类彩云追月型图斑艺墨兰。

广西粟业铨培育

## 2-30 北国风光

此为镶晶类综艺型图斑艺墨兰。

由山型斑、棉衣斑、田园斑、云海斑、绿三角斑等组成北国春天之秀色。

广东李权生培育，谭福台摄影

## 2-31 雪　峰

此为镶晶类奇峰型图斑艺墨兰。

那白皑皑、层层叠叠的奇峰，令人情不自禁地赞日，北国江山如此多娇!

广东李树生培育，谭福台摄影

## 2-32 曙　光

此为镶晶类日出型图画斑艺墨兰。在阳光普照下，大地金光闪烁，草木生辉，一派兴旺景象。

广西唐伯泉、黄卫东培育，吴能新供稿

## 2-33 画冠花

此为镶晶类山水型图画斑艺墨兰之水晶画嘴花。其上显现山水画纹。

广西黄卫东培育

## 2-34 岭南锦绣

一层层奇峰叠翠，一片片花团锦簇，一排排绿水青山，一派派迷人秀色。

广东谭福台培育并摄影

## 2-35 南国之春

此为2001年新下山雪白爪图斑艺墨兰实生苗。此兰的第一代，叶端有小白爪，并初现田园型图画斑艺；第二代，已进化为雪白深爪艺带垂线，其间隐现画纹；预计其第三代或第四代，可能出现线艺与图画斑艺合一的新型叶艺兰。

广东李明、福建许东生合培

## 2-36 朝　霞

此为广西平南县境内山林里采得之泛红晕的图画斑艺墨兰实生苗，新叶基已现水晶体，并向上广泛红晕，叶面已初现奇峰型画纹。随着叶片的发育，其画纹将会愈来愈美丽。

红晕图画斑艺的出现，将给图画斑艺兰插上腾飞的翅膀，为丰富中国兰花艺术宝库做出可贵的贡献。

广西张仕金选育

## 2-37 龙　图

本品之多个器官的端部均镶嵌凤型水晶体，由于水晶成分含量有异而导致扭曲翻卷而呈龙态。其水晶体上还浮泛有山水画纹，十分雅致。

广西黄卫东培育

## 2-38 古绫罗

本品是由南粤的传统素心墨兰艺变而来的。为澳门著名的诗人和兰花园艺家冯刚毅先生选出并命名的。稳定性镶晶类图画斑艺，其画纹，有如龙袍上的蟒鳞，有如天空之彩云，有如灵龟之甲壳，有如道家之灵符，变幻莫测，令人赏心悦目。

澳门冯刚毅培育

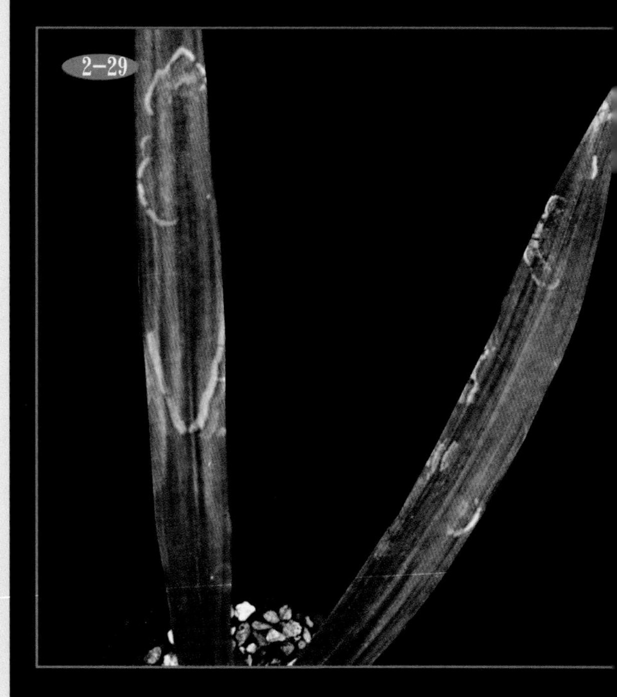
2-29

2-30

2-31

2-32

2-33

2-35

2-34

2-36

2-37

2-38

## 三、奇花类

### 3-1 神州奇

它花莛高达米余，花柄长达25厘米以上；花上添花再添花；花瓣特多，可达百余枚。在花期可看到它，花柄分叉着花，有巢型花、菊型花、复色花等奇观。株叶为中垂型，散扭甲、变色芽、木纹叶面、三面刺等特征。花期长达4～5个月之久。为前所未闻的中国墨兰第一奇花。

福建许东生、江西潘颂和培育

### 3-2 火 龙

此为少花瓣之墨兰奇态花。其合蕊柱变粗、拔高、裂变并与唇瓣粘贴，三萼片超阔翻卷如龙。花姿奇特，色彩艳丽，续变力强。

广东李明、福建许东生培育

### 3-3 黑玫瑰

此为多瓣奇花墨兰。三萼四捧双鼻，黑色皱瓣花。花形奇特，着色别致。

广东陈少敏培育

### 3-4 腾龙聚蝶

本品花莛上部4～5朵花，均有一萼片唇瓣化，且花柄（子房）与花莲粘连，致使扭转如龙舞。花莛下部还留有1～2朵行花。花色红黄相衬，十分艳丽可爱。

广东李明、福建许东生培育

### 3-5 东方翡翠

此为广西产之多瓣复色奇花墨兰。四萼四捧双鼻双舌，捧有唇瓣化迹象。绿、黄、红、白相间，堪为难得之墨兰奇蝶花。

广西吴克坚培育

3-1

3-2

3-3

3-4

3-5

## 3–6　红斑奇

此为广东产之多瓣奇花墨兰。萼片增多且有部分唇瓣化，蕊柱和唇瓣增生，着色秀丽。

广东熊金旺培育

## 3–7　台上锦

此为墨兰多瓣奇花。花序异化，常有分叉。花朵排铃后，子房继续伸长，原处长出许多轮生或互生小萼片。其顶端长出许多花瓣、唇瓣和合蕊柱，构成台上花的奇观。艳丽多姿，耐人寻味。

四川邓少康供照

## 3–8　红　菊

此为菊型奇花墨兰。唇瓣异化成花瓣样下伸，构成六瓣菊花型奇花。花色褐红，大显墨兰之本色。

广东陈少敏培育

## 3–9　双舌红

此为粤产下山墨山奇花。花序异化为对生花。每朵花，唇瓣增生一个，为双舌奇花。该兰莛花多达20余朵，花色鲜艳，香气浓。

广东陈少敏培育

## 3–10　禅宗之光

此为多瓣、多舌、多鼻之花上花的高品位墨兰奇花。谈花初绽时，多瓣多舌奇花，其合蕊拄拔高裂变成许多小蕊柱和唇瓣化小花瓣、形成了花上花之奇观。花瓣、萼片、基部着红，端部青绿，好比绿叶扶彩花。造型奇特，着色秀丽。

广东李华强培育

3–6

3–8

3-10

3-9

3-7

### 3-11　捧舌奇

此为下山墨兰三舌奇花。两片花瓣初现唇瓣化。尚在进化之中。

广东陈少敏培育

### 3-12　母子花

墨兰母子花，花朵无异。难得的是，当母花含苞之时，其花柄基部发育出一个或二个花苞，它可有效地延长花期，具有继往开来的风韵。

广东陈少敏培育

### 3-13　梦　幻

此为下山墨兰多变奇花。有的萼片增生，有的花瓣唇瓣化，有的唇瓣增多，有的萼片也唇瓣化，有的蕊柱增多。几乎朵朵不一，变化无常，风采不凡。

广东陈少敏培育

### 3-14　秋二香

此为能年二度现花的白花秋榜墨兰。原名“翠花伞”。它为花序异化奇花。一改总状花序为轮生伞形花序，莛花可多达30余朵，花有香气。

广东李明培育

### 3-15　小红菊

此为唇瓣化之鸡爪瓣菊型奇花墨兰。可能为墨兰与寒兰之杂交品。

广东陈少敏培育

### 3-16　叉萼奇

此为闽产之中萼分叉的墨兰奇花。有的花瓣也有小分叉。别具一格。

福建许阿婉培育

### 3-17　八奇利

此为墨兰多萼多舌唇瓣化奇花。且朵朵鲜艳彩花依花莛攀旋而上，成了攀龙奇花。

广东陈才光培育

### 3-18　艺　辉

此为集叶艺、型艺、花艺于一体的综艺奇花墨兰。行龙叶又有黄、白、绿的线艺、水晶艺；花有多瓣、少瓣、蕊柱裂翻、唇瓣化花瓣、多唇瓣等多种异化。花色多样，十分艳丽。

广东李明培育

### 3-19　雄　象

此为广西产之墨兰奇花。初现雄蕊化之花瓣下伸揽起大如意舌，中侧萼间增生一对萼片下伸、形如象牙状，肩萼呈抱状、犹似象之大耳。造型独特，着色浓重，墨、褐、红、绿、白交相辉映。

广西吴能新培育

### 3-20　鲜红奇

此为广西产之叶艺奇花墨兰佳品。它为中矮叶材、青黄阔叶出中斑叶艺。花莛、花柄、花被鲜红，为多萼、多捧、多鼻、多舌奇花。色彩艳丽，香气浓烈。

广西吴能新供照

3-13

3-14

3-15

3-16

3-17

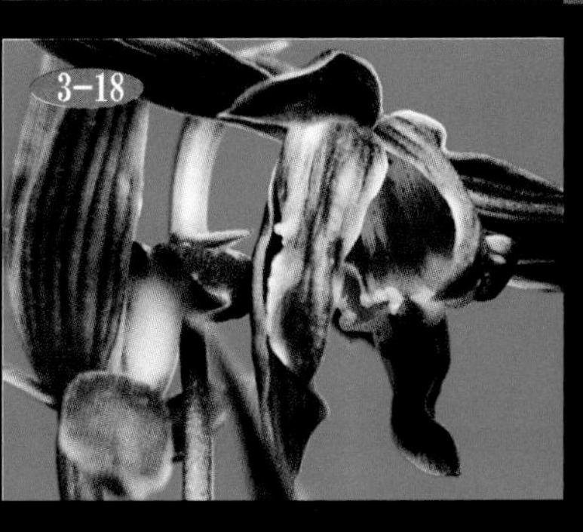
3-18

3-19

3-20

**3-21 向阳奇**

此为广西产之墨兰奇花。奇在朵朵向天开，又奇在各个器官全增多，再奇在多种色彩交相辉映。造型独特，花色瑰丽，令人留连忘返。

广西吴能新供照

**3-22 新桂麒麟**

该品于1992年从广西金秀大瑶山采得。三萼片复色，端部翠绿而皱卷，侧萼平展欲飞；花瓣折皱挺伸、黄绿相衬；前裂纯黄泛绿晕，侧裂片格外发达而耸起如小花瓣状。粉红蕊柱下缘增生许多小花瓣，右侧长颗红珠，犹如画龙点睛，格外别致。全花素中有艳、艳中有素，十分高雅，令人爱不释手。

广西吴能新选育

**3-23 大顿麒麟**

该兰原产台湾，为墨兰五大奇花之一。它的花瓣高度异化、大量增生，蕊柱常拔高裂变，并增生小花瓣，而形成花上花之奇观。

江西潘颂和培育并供照，福建许东生培育

**3-24 龚州奇**

本品是从广西大瑶山采集之多舌奇花。有的萼片退化，有的花瓣减少，有的萼片增多，但唇瓣总是增生二瓣。它形态各异，着色也不尽相同。异彩纷呈，各领风骚。

广西卓一丹培育

**3-25 宝山奇**

此为闽西永福镇境内山林采集之墨兰奇花。其株叶已出爪艺。为多唇、多唇化花瓣、转轮形奇花。其合蕊柱也已现裂变，还在进化之中。是造型别致、色彩斑斓的奇蝶花。

福建陈秋生等培育并供照

**3-26 红舌奇**

此为下山墨兰多舌多萼奇花。唇瓣全鲜红较少见，而萼、捧、唇色彩各异，同样较少见。实属难得的绮丽奇花。

广东陈少敏培育

**3-27 红 莲**

此花花型小巧，萼片短阔，紫红色花瓣增生一瓣，黄底披鲜红彩，朝天而开，形似莲之花。还有花序已有不等距离之异化。

广东陈少敏培育

**3-28 金凤朝阳**

本品初为平肩多舌金彩花，接着花序排列距离发生了变化，有的密集轮生，有的在莛顶聚生，同时又有多舌多瓣的变化，甚至花色也有变化，红条、红斑、红晕大大地增多，而更名为“飘逸”申请登录，登录号010。这种能不断进化的品种，年年能旧貌换新颜，十分难得。

广东马金宁培育，谭福台摄影

3-21

3-22

3-23

3-24

3-25

3-26

3-27

3-28

## 四、矮种奇叶类

### 4-1 珍珠龙

本品集矮种、奇叶、花艺于一身。叶质特厚、皱卷翻扭似龙舞。莛花六朵、寓大顺，朵朵朝天如洁荷，风韵高雅。绿莛绿柄撑褐红萼、捧黄披红筋与鲜红舌交相辉映，十分艳丽，清芳四溢，令人珍爱。

广东陈少敏培育

### 4-2 龙 梅

此为墨兰吉福龙梅之组织培养苗，叶质厚糯，叶面呈蛤蟆皮状，录之以供参照。

四川邓少康栽培

### 4-3 二 八

此矮墨，假鳞茎硕大，汤匙柄叶肚宽、叶端圆钝，叶沟多处，叶缘浪曲，工整的双“八”形叶，寄寓发后，再发！

福建许奇培育

### 4-4 高艺达摩

此为绀绿帽，黄色爪斑缟艺矮种墨兰。

福建许杰栽培

### 4-5 指 墨

此为超矮墨兰，下山培植二年，均为叶长不超手指长。叶缘厚起，叶沟显现之木纹叶。

广东李明分植

### 4-6 东方明珠

此为高标准之奇叶矮墨，十分高雅，堪与“文山佳龙”相媲美。

广东陈仲祥、陈妹记、谭福台、何棹开等培养

### 4-7 青叶达摩

此矮墨，叶质厚硬，叶片皱卷适度，斜展有力。

福建曾文浩培育

### 4-8 蛤蟆矮

此为闽西南结合部山林采集的矮墨，叶柄不明显，叶幅宽，叶端肥圆而有小尖峰，叶质糯软，叶面粗糙，且凹凸不平，满洒珠粒，耐人寻味。

福建许悦采育

### 4-9 飞 龙

此为下山矮墨，叶质厚糯，叶幅短阔，叶沟丰富，叶色墨绿，扭姿如鸟展翅，引人遐思！

广东陈少敏培育

### 4-10 达 吉

此为下山矮种实生苗遭鼠害后萌发的新苗，仍然保持原来的性状。鞘矮端钝，叶阔端圆，质厚而软，叶沟明显，叶面粗糙。

福建许东生选育

4-1

4-2

4-3

4-4

4-5

4-6

4-7

4-9

4-8

4-10

### 4-11 雪爪矮

此为下山标准矮墨，雪爪艺开平肩红花，花瓣已初现唇瓣化，是爪艺矮种蝶花的期待品。

广东李明培育

### 4-12 扭 皱

此矮墨，叶厚姿扭，面粗而皱，柄短端钝，片片叶形不一。

广东李明培育

### 4-13 蓝 矮

此为闽西南结合部山林采集之蓝绿矮墨。假鳞茎硕大，起匙柄，宽叶肚，钝圆尖，厚叶缘，多叶沟，软叶质。

福建许阿婉培育

### 4-14 乐 天

此矮墨，叶长18厘米，宽近3厘米，叶质厚，端圆钝，面粗糙，已初显图斑艺。

广东李明培育

### 4-15 聚 龙

此为卷叶矮墨，各具情态，犹如群龙欢聚，呈祥兆瑞。

广东陈少敏培育

### 4-16 双 龙

此为下山奇叶墨兰。代代叶片横褶直皱，而为名。寄寓祥瑞。

福建许东生采育

### 4-17 雪 轮

此为下山雪白爪矮墨之进化品。其分株苗已初显水晶艺体，艺变潜力大。

广东李明、福建许东生培育

### 4-18 飞 瓢

此为下山瓢叶矮墨。叶端特别宽阔似瓢，且具飞态，风采独具。

广东陈少敏培育

### 4-19 勾嘴虎

此为下山矮墨。叶质厚硬，叶端勾曲，槽形叶面，且具木纹，已显现水晶斑。

广东李明、福建许东生培育

### 4-20 芭蕉矮

此为闽南山林采集之实生苗矮墨。叶色青绿油亮，生机活现。

福建许悦培育

4-13

4-14

4-15

4-16

4-20

4-18

4-17

4-19

# 五、素心类

## 5-1　旭日素

本品采于广西平南县豫玉山，曾名为“豫玉姬”。笔者冒昧依其合蕊柱色红，捧瓣隐约有淡红筋，又与三萼基疏泛粉红晕，犹如旭日东升，曙光初照，朝霞辉映，给素墨注入迷人的光彩，堪为一种前所未闻的艺素韵味超群，令人珍爱而命为“旭日素”。

广西吴能新培育

## 5-2　伴侣素

此为广西平南产之线艺兰阴阳色瓣素心墨兰。是花萼半边橘红，半边翠绿，犹如忠贞不渝的伴侣。据此而冒昧命为“伴侣素”。寄寓忠贞、启人恩爱、令人爱不释手。

广西黄卫东培育

## 5-3　链纹桃腮素

此为闽西产之墨兰。该兰有三个特点：①瓣质色白，其青金色稳定；②捧瓣已有硬化迹象，有望开水仙瓣形花；③瓣面呈链条图纹。但它的侧裂片（腮帮部）有红点条斑纹，无疑是桃腮素。

福建薛国荣栽培

## 5-4　长舌素

该兰产自广西那坡县境内山林。花色青黄，玉洁冰清，幽芳阵阵。

广西农必明培育

## 5-5　分莛秋素

此兰产自广西平南县境内山林。绿莛、绿柄、白花被，色彩柔和，冰清素雅。花莛分生，独具特色。

广西吴克坚培育

## 5-6　龙头素

该墨兰，花色青黄，玉洁冰清。萼片细小而等角排列，花瓣挺翻，端又前扣，侧裂片翻卷，中裂片分段叠折而后倾，共构成龙头状。十分别致，富有祥瑞之寓意。

广东谭福台培育

## 5-7　绿轮黄素

该金黄素墨，瓣缘镶嵌绿覆轮，风采独具，令人珍爱。

广东陈少敏培育

## 5-8　苗腰素

此素心墨兰花，瓣形较细，可贵的是其瓣端椭圆，瓣基格外苗条，犹似倩女亭亭玉立，别具风采。

福建陈日升供照

5-1

5-2

5-3
5-4
5-6
5-8

5-5

5-7

## 5-9　秋白素

本品为广西平南县产之秋榜素心墨兰。花瓣虽细如鸡爪，但瓣色却格外素白。叶色浓绿油亮，叶姿优美。

广西吴克坚培育

## 5-10　黄金宝

该素心墨兰，花色金黄，仅微泛绿晕。雍容华贵，富丽堂皇。

广东魏镜发、福建许东生培育，梁沃章摄影



## 5-11　矮种素荷

异常宽阔的短圆叶，加上荷瓣素花，十分难得，令人珍爱。

广东陈少敏培育

## 5-12　龙素墨

此为矮种奇叶墨素。叶片短阔圆钝而行龙，素花瓣阔而端庄。实为难得的素墨花。



广东陈少敏培育

## 5-13　矮素奇

此为素心墨兰矮种奇花。除了唇瓣增多外，还围绕合蕊柱增生许多如唇瓣色泽的小花瓣，构图别致，绿黄白交相辉映，格调高雅。

福建陈日明供照

## 5-14　绿嘴素蝶

此为素心墨兰。绿莛、绿柄、绿萼端，捧蝶花。金黄衬绿嘴，雍容华贵，格调高雅。

广东陈兆霖培育，谭福台摄影

## 5-15　鸳鸯素蝶

此为下山素心墨兰异色捧蝶花。其唇瓣化之花瓣，不仅着色有异，而且形态也各不相同。三萼片也如此。也许可进化为图画斑艺墨兰。如此奇蝶素前所未闻，观赏价值甚高。

广东陈少敏培育

5-9

5-10

5-11

5-14

5-12

5-13

5-15

## 六、瓣型花类

### 6-1 岭南大梅

本品由钟明斌、何清正命名，由钟明斌等五人共同申请登录，登录号041。曾获中国兰花博览会金奖。兰花专家吴应祥评："花多而密，萼片短阔、端圆、起兜，花瓣雄蕊化。梅瓣花型特性明显，色彩艳丽。"

福建陈日明供照

### 6-2 粪州晶龙

本品于1992年采于广西金秀山。据称，当时开正格梅瓣花。1995年荣获中国兰花博览会金奖。同年由平南县政府干部卓一丹先生命为"粪州龙"并申请登录，登录号029。兰花专家吴应祥先生评为梅型水仙瓣。朱砂红色，花瓣奇特，唇小，有显著特色，性状稳定。

之后，据说该花已出水晶艺，引种观察，株叶、花莛、花柄、花被均镶有散在性的水晶艺体，引起花姿、花形、花色的变化，比前身更加可爱。征得卓先生的同意，依异化之实际而更命为"粪州晶龙"。

本品为中等叶材，斜立弧垂叶态。鱼肚叶形，钝尖收尾，叶端具有"三面齿"。叶厚质糯，油润亮绿，撒有散在性水晶斑。

广西卓一丹培育

### 6-3 望 月

本品为台湾产之奇叶矮种墨兰荷瓣花。

它挺拔而扭拧之叶姿，十分壮观。细腻之木纹叶，油润亮绿，生机盎然。

该花被认为荷瓣花，但肩萼放角尚不够明显，荷瓣的品位也不很高。不过仍不失为案头观赏之佳品。

广东陈少敏供照

### 6-4 桂龙荷

此为广西产之奇叶中矮种墨兰荷瓣花。从该花之肩萼片收根放角尚不够标准看，应为荷形花。念该花的中萼片、花瓣、唇瓣都很高雅，而充满着内涵。墨兰能有此形花，已很难得，还是值得珍爱的。

广西张仕金培育

### 6-5 金红荷

此为福建产之金边矮种墨兰荷瓣花。那短阔圆钝、浓绿油亮的秀叶，在金边的映衬下，栩栩生辉。它的肩萼片，虽放角收根未达标准，而荷瓣的品位不高，但其花莛的每节着花处有红节纹，颇似竹，既把红花衬托得更加艳丽，又增进了花之神韵，令人留连忘返。

广东陈少敏培育

6-1

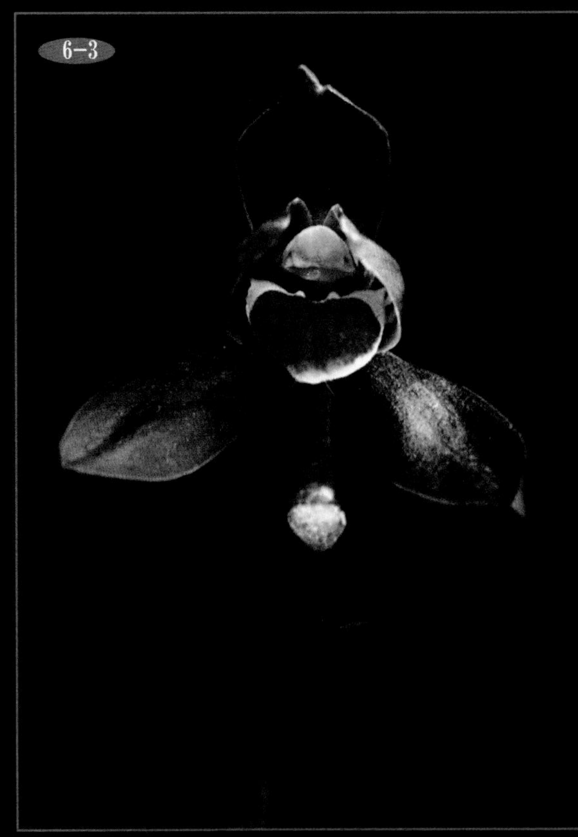
6-3

6-2

6-4

6-5

## 6-6 金彩荷

此金彩荷瓣花，依据：①假鳞茎大；②花苞片短于子房；③叶宽2厘米以上；④叶形、叶姿似墨兰；⑤花期3月初（广东无春兰的春化条件）；⑥花形、花色近似墨兰；⑦花味略带檀香气；⑧花莛短，仅着2朵花。而认为本品既有春兰的多种特征，又具墨兰的许多主要特征，应为墨兰与春兰的天然杂交品。

广东李明培育

## 6-7 金桂荷

本品三萼片短阔，放角收根、紧边；蒲扇捧，大圆舌。堪为标准之荷瓣花。侧萼着色与中萼完全两样，实属罕见。绿莛、绿柄托紫肩，金红中萼、捧、鼻、舌，色彩丰富，鲜艳可爱。实为新型的复色花。

广东谭福台培育并摄影

## 6-8 虹

此为墨兰复花水仙瓣花。花瓣半雄蕊化，呈搂抱态，其上的红蕊柱黄荷帽，犹如指环上的红宝石，十分别致而秀雅。萼片五彩交相辉映，似彩虹，花容构图别致，色彩绮丽，令人耳目一新。

此兰株为中垂叶态，假鳞茎橄榄形，叶柄短，叶片宽阔而亮绿，花期春节。寄寓前程锦绣。

广东陈桂洲培育，苏文光供照

## 6-9 五彩飞龙

此为墨兰水仙瓣奇态复色花佳品。本品花瓣已现雄蕊化，水仙瓣可称。花瓣弧盖蕊柱后，瓣端微挺，增添了曲线美和动感，又与向上微扣卷之唇瓣，构成龙头形象。再配以有规则浪曲的三萼片，形象更为逼真。情趣非凡。

花容五彩齐辉，靓丽动人，珍爱有加。

广东陈少敏培育

## 6-10 南国水仙

该花花瓣雄蕊化，合盖蕊柱，水仙瓣花成立。花被金黄披红条纹，色彩艳丽。

广东陈少敏培育

6-6

6-7

6-8

6-10

### 6-11　绿环仙

该花之花瓣雄蕊化，呈环状严严箍住红蕊柱，造型首见，水仙瓣可称。

广东陈少敏培育

### 6-12　红彩荷仙

该花萼片略现放角收根，花瓣端已现雄蕊化，呈兜状。荷形水仙瓣可称。花心部造型别致，色彩鲜艳。

广东陈少敏培育

### 6-13　黑荷仙

此为墨兰荷形水仙瓣黑彩花珍品。本品只差萼端缘不具"紧边"的特征而屈称荷形水仙瓣。

广西农必明培育

### 6-14　金大仙

本品花瓣雄蕊化、起兜，三萼片端钝圆而有兜卷，但因萼的长与阔的比例失调，和端尖不够圆钝而不符合梅瓣花标准，只能称为梅形水仙瓣。花形端庄，色彩艳丽，尚属难得的瓣型花。

广东谭福台培育并摄影

### 6-15　贺　仙

本品三萼片端圆起兜，花瓣雄蕊化，三角如意舌，惟萼长阔比例失调，而只能称为梅形水仙瓣花。花色金红，雍容华贵，鲜艳夺目，罕见的是，花瓣雄蕊化，异化成双手，呈恭祝态，犹如在向主人和宾客恭贺新年，风韵独具，甚为可爱！

广东谭福台培育并摄影

### 6-16　紫金铃

本品萼钝圆起兜，花瓣雄蕊化呈饭勺状，水仙瓣花可称。特别的是，勺状花瓣与唇瓣，排列有序，围构成铃状，微露红蕊柱黄药帽，使铃更加形象。花色紫而镶金，故而为名。

本品是从下山兰中选出，经五次开花，花形、花色稳定，萼片已有增宽，故又名"盼梅"。

广东李明培育并摄影

6-11

6-12

6-13

6-14

6-15

6-16

# 七、水晶艺类

## 7-1 祥寿奇宝

本品于1993年采集于广东西北部的罗浮山中，经九年精心培育，从普通株叶进化为奇叶、镰刀叶、粘连叶、水晶边叶。第一次花，朵朵异奇，多萼、多捧（略蝶化）、多鼻、多舌，鼻带小花瓣；第二次花，花瓣唇瓣化，花多而程度大；第三次花，十字萼、鸳鸯捧、三星捧、双鼻三鼻、双舌样样齐具，朵朵有异并撒有水晶斑。还在进化之中。

一红棒平分黄舌，把深红花衬托得栩栩生辉，估计用不了几年的时间，它将会进化成更加瑰丽的水晶花。

广东陈仲祥、李寿培育，谭福台供照

## 7-2 如意晶冠

此为冠型水晶艺墨兰之进化品。

叶端兜翘之冠艺水晶体，形如花艺中的如意舌，犹如向你招手，寄寓招财进宝，风采不凡。本兰之水晶艺，已在不断地进化之中，现已显现水晶边、水晶中斑。估计它将是综艺水晶之佳品。

广东杜培河培育，谭福台摄影

## 7-3 芦　晶

此为进化之中的水晶艺墨兰。从少量的散在性水晶斑，就能使株形大大矮化，叶片增厚成像芦荟叶样，便可预知其株体内的水晶因子异常充盈，其续变力奇强。

广东陈少敏培育

## 7-4 狮子头

此为冠型水晶艺墨兰。它的叶端之水晶艺体，稍似狮子头状而为名。从叶已现皱卷、皱边看，其晶艺的续变力不小。

广东陈少敏培育

## 7-5 晶龙花

此为广西平南产之“龚州晶龙”之新近晶花。全花水晶成分含量极高，由于各个部位水晶因子的活力有别，花瓣便出现褶皱状之行龙，瓣缘和瓣端也显现浪曲，连瓣面之彩纹也似滩上流水浪翻。风采非凡，录此以供雅赏。

广西卓一丹培育

## 7-6 晶龙脉

此为矮种龙型水晶艺墨兰。

自株基到叶主脉，水晶艺体十分明显，有的叶侧脉也已显现晶龙，叶片也在变形之中，是更高级的水晶艺之取代品。

四川邓少康供照

7-1

7-2

7-3

7-4

7-5

7-6

## 7-7　揽　月

本品为1998年采于闽西山林之镶晶奇态花。中等叶材，已隐显银丝，极具续变力。萼捧已镶有小晶斑。在晶体的作用下，瓣形初现扭曲。飞态萼如飞雕，搏击长空，弧态镶晶捧环抱，形似揽月。神韵非凡。

福建薛国荣培养

## 7-8　晶　轮

此为下山水晶墨兰。它的第一代仅是叶柄上有些白晕斑，第二代就进化为环状晶斑，新芽的叶基和叶端整段显现轮状水晶艺，随着叶片的发育，水晶艺体将不断延伸，更优美的水晶艺即将显现。

广东陈少敏培育

## 7-9　皱龙晶

此为广西平南境内山野下山之皱叶龙型水晶艺兰。刚下山时，水晶艺还没显现，仅是叶侧脉较晶亮，有的叶尖也较晶亮些。通过培育，其直卷之行龙叶，有的已不规则，呈斜向褶皱，叶缘浪曲，还在进化之中，刊此以资选育之参考！

广西张仕金选育

## 7-10　飞　流

本品于1996年采集于闽西山林。中大叶材，满泛水晶条斑，捧瓣已半硬起兜，堪为水仙瓣花。白萼黄晕嵌水晶条斑，又间披鲜红彩，犹如飞流直泻，如诗似画，雍容华贵，格调高雅，实为难得的水仙瓣艳晶花。

福建薛国荣培育，蔡宗和摄影

## 7-11　奇凤晶

此为广西平南县境内山野产之墨兰中矮种，奇叶凤型水晶艺兰。虽然本品水晶因子尚不显露，叶端的水晶体也不显眼，但是它的株基和整个叶片的形态已不是常见的单一行龙奇叶。如能仔细观察，便可预知其魅力。这是选拔良种时应当注意之处。

广西张仕金选育

## 7-12　奇妙水晶

此为墨兰凤型水晶艺品，从目前看仅是呈舞姿叶态和水晶爪。妙在叶片有分节的浓绿环和不规则的行龙。因为它可能是水晶艺显艺之前征兆之一。

广东陈少敏选育

7-7

7-8

7-9

7-10

7-11

7-12

## 7-13 水晶奇蝶

此为墨兰龙型水晶开镶晶蝶化花。它不仅两个花瓣异化成与唇瓣同形同色，连三片萼片也有镶晶块和部分唇瓣化。株叶玉润晶莹，花容瑰丽，是叶花皆优的水晶艺兰。

广东陈少敏培育

## 7-14 皱尖水晶

此为广西产之水晶艺兰早期品。仔细观察，叶尖仅有些许晶亮，个别底叶叶端格外横皱，并有晶尖，且新芽之叶鞘水晶艺征较明显。还在进化之中。

广西唐伯泉、麦洁成培育，吴能新供照

## 7-15 粤东晶龙

此为粤产之水晶艺墨兰。水晶成分含量极大，每片叶在水晶体的作用下呈多态翻卷，其上镶有不少水晶黄斑，花莛也显现水晶艺斑。进化潜力颇大。

广东陈少敏培育

## 7-16 奇妙晶龙

此为广西产之龙型水晶艺墨兰，多瓣奇蝶花。叶片上的龙型水晶体又粗又长，花中的萼端、捧端、舌端均显现水晶艺体，萼片增生，花瓣、蕊柱已显花菜样异化，唇瓣也已分生，已是水晶奇蝶花。堪为奇妙而精美之水晶艺兰。

广西吴克坚培育

## 7-17 凤求朝

此为凤型（冠型）水晶艺兰之杰出代表品。其片片叶端的水晶帽形若群凤朝阳，令人闻鸡起舞。

广东陈少敏培育

## 7-18 红龙水晶

此为龙型水晶艺墨兰。它不仅仅是条状水晶艺，而且其艺体常泛红晕，故而得名。

广东陈少敏培育

## 7-19 鹰嘴水晶

此为水晶艺墨兰，叶端部呈横皱状，其水晶叶尖呈倒勾状，形似鹰嘴，故而得名。

广东陈少敏培育

7-13

7-14

7-15

7-16

7-18

7-17

7-19

### 7-20　富贵水晶

此为墨兰凤型水晶兰。

广东陈少敏培育

### 7-21　帝王水晶

此水晶艺墨兰的水晶艺体，常呈覆轮状，并逐渐向叶面辐射。

广东陈少敏培育

### 7-22　鹅头水晶

此墨兰水晶艺为凤型，因其艺体常如鹅头状而得名。

广东陈少敏培育

### 7-23　紫晶龙

此为墨兰紫色水晶龙。在艺体尚未显现之前，先浮现紫色斑纹，随后逐渐显现晶亮的紫色水晶艺体。

广东陈少敏培育

### 7-24　奇异水晶

此墨兰水晶艺，奇异在于各株各叶的水晶艺体造型各异，奇妙无比，令人赏心悦目。

广东陈少敏培育

### 7-25　硬捧水晶

此墨兰花，捧瓣已完全雄蕊化，合盖合蕊柱，使本花成为水仙瓣花。萼端显现大水晶爪。

广东陈国胜培育，谭福台摄影

### 7-26　金　菇

此为墨兰水晶花奇品。雄蕊化之花瓣含有大量的水晶体，异化成蘑菇状态，惟妙惟肖。三萼片端缘也镶嵌有水晶体。风采独具。

广东陈国胜培育，谭福台摄影

7-20

7-21

7-22

7-23

7-24

7-25

7-26

# 八、蝶花类

### 8-1 金樽蝶

本品于1998年采于闽西山林。为捧瓣唇瓣化艳蝶花。同形同色的唇与捧合围成酒杯状，三萼片端弯垂、等分排列、似杯架，显得格外珍贵。造型别致，花色艳丽，行龙劲叶，英姿挺拔。

福建薛国荣培育

### 8-2 大捧蝶

本品于1995年采于闽西山林。花瓣比萼片更长更阔，且现部分唇瓣化，又呈翘飞态，实属罕见。蕊柱也已初现裂变，有些续变。

福建薛国荣培育

### 8-3 墨捧蝶

本品于1995年采于闽西山林之捧蝶花。不仅捧双缘已显唇瓣化，萼缘也有类似的异化，续变力甚强。绿莛、绿柄撑绿底，浓泛深褐色，给人一种神秘感。

福建薛国荣培育

### 8-4 筝 蝶

本品于1997年采于闽西南结合部之山野。褐红花肩萼平行下垂，且现近半唇瓣化，形似风筝，令人勾起童年的回忆。

福建薛国荣培育

### 8-5 中国奇蝶

此墨兰蝶花独树一帜，形如风筝，又不是风筝。萼片退化剩下一片，下伸而浪翘，唇瓣增，色同而形异，部分唇瓣化之花瓣如展翅之雄鹰，蕊柱裂变如笑口，左侧增生捧瓣，造型别致，增添了艺术之内涵。花色秀丽，耐人寻味，不愧为中国奇蝶。

广东陈少敏培育并命名

### 8-6 宝岛奇

此为产自宝岛台湾之墨兰奇蝶花珍品。合蕊柱逐级拔高，唇瓣和花瓣大量增生，最后于蕊柱顶端长有较少的唇瓣和半唇瓣化的花瓣组成一个球状花团。这种花上花、又添花的多瓣、多舌奇蝶花十分别致，格外绮丽。

广东陈少敏培育

8-1

8-2

8-3

8-5

8-4

8-6

## 8–7 台蝶颂

该墨兰为子房与蕊柱逐级拔高，各部器官相继增长、奇变的台型奇蝶花。当花蕾排铃后，子房（花柄）逐级拔高，相继增生苞片状的小花萼。到了一定程度，花蕾绽开，唇瓣、花瓣增生，合蕊柱分级拔高，每级长出许多唇瓣，花瓣（半唇瓣化）最后结成花团。子房上的小花萼，犹如一群吹鼓手在赞颂如此美妙的奇蝶花。

江西潘颂和培育

## 8–8 思康蝶

这是1991年，朱德总司令的夫人康克清大姐到广东从化温泉疗养时，与工作人员一同到朱老采过兰花的天医山采回的一丛墨兰培养而开出的平行肩蝶花。栽培者为纪念康大姐，而把此兰命为“思康蝶”。

该兰花莛、花柄、花被皆为黄色，萼、捧、唇面均镶有鲜红彩斑。十分秀丽，令人珍爱！

广东叶汉青培育

## 8–9 复色三舌蝶

此为墨兰三舌蝶花之珍品。

该花萼片特小，唇瓣、花瓣特别阔大，以金黄色为主，点缀有红、白、绿、紫等色斑纹晕彩，五色俱全、格外绮丽，寄寓兴旺发达。

广东冯锡海、罗社福培育，谭福台摄影

## 8–10 翠花蝶

此为采自闽西南结合部山林之墨兰肩蝶花佳品。其肩萼片的唇瓣化超出萼幅的2/3，甚为罕见。花容端庄，着色素雅。

福建薛国荣培育

## 8–11 金捧蝶

此为罕见的墨兰捧蝶花。一是它的唇瓣化花瓣不像其他墨兰缀有许多彩点，而为金黄色；二是它的萼片为复色，别具一格。

广东陈少敏培育

## 8–12 翡翠蝶

此为立叶态墨兰蝶花佳品。花被翠绿色，基部泛红晕，过半唇瓣化之肩萼片的红点斑与唇瓣一样错落有致，十分秀丽。

广东陈少敏培育

8–7

8–8

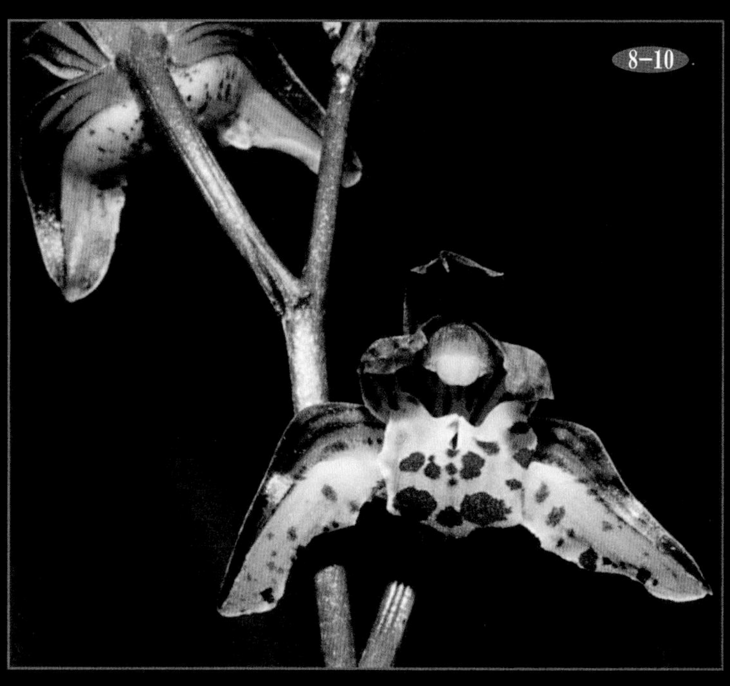
8-10

8-9

8-12

8-11

8–13 红三蝶

此为下山墨兰捧蝶花。即花瓣唇瓣化，与其同形同色。全花鲜红底衬白斑，十分艳丽。

广东陈少敏培育

8–14 三多奇蝶

此为下山多鼻、多舌、多捧奇蝶花。该品莛花朵朵不一，有的一多，有的两多，有的三多；有的捧瓣唇瓣化，有的萼片唇瓣化，有的全增多，又有不同程度的唇瓣化，真是多姿多彩的奇蝶花。

广东陈少敏培育

8–15 康寿蝶

此为下山墨兰多种异化之奇蝶花。它已有子房拔高、合蕊柱拔高的迹象，已显现捧瓣增多而又唇瓣化，唇瓣和蕊柱增多，且有花上花的奇观，还正进化之中。取培育之名与花的艺术寿命而为名。

四川邓少康培育

8–16 鸳鸯彩蝶

此为多萼、多唇之捧蝶花。格外独特的是左右侧花色各异，一为黄底洒红斑彩，一为黄底洒绿斑彩加红斑。甚为罕见，堪为奇蝶花之珍品。

梁镜林培育

8–17 聚顶蝶

此为墨兰花序变异的莛顶聚生蝶花。它尚未完全变异，其花莛的底部还有两朵正常的行花。聚顶之花，不仅萼片和花瓣已现不同程度的唇瓣化，蕊柱和唇瓣也有增生，尚在进化之中。花容别致，色彩斑斓。

广东李明培育

8–18 紫垂蝶

此为绿莛、绿柄紫色垂肩蝶。莛上着花格外密集，多达20余朵，绿莛紫红花，相得益彰。

广东陈少敏培育

8–19 大肩蝶

此为下山墨兰肩蝶花。肩蝶斜展，唇瓣化程度高，花容端庄，小巧玲珑。

广东陈少敏培育

8–20 文汉奇蝶

此为墨兰五大奇花之一的文汉奇蝶，经异地栽培，花色有较大的变化。它最大的特点是花瓣有唇瓣化，形态曲折婉约，犹如蝴蝶飞舞般的动感而增加艺术的内涵。

刘维江培育，陈日生供照

8–13

8–14

8-15

8-17

8-16

8-18

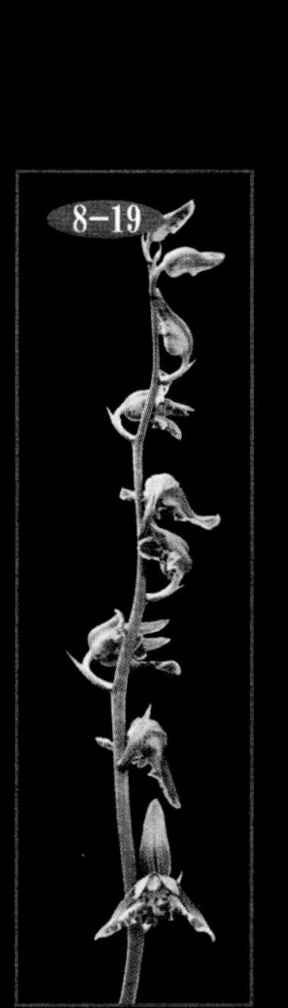
8-19

8-20

## 8–21 红舌肩蝶

此为下山墨兰红舌肩蝶花佳品。白莛、白柄、青黄萼捧，红舌、红斑蝶，色彩对比鲜明，素中有艳，格外秀丽。

广东陈少敏培育

## 8–22 花溪荷蝶

此为能在春节期间开花的下山墨兰荷形金红肩蝶花。曾于1995年申请登录，登录号033。

广东何建国培育

## 8–23 番山奇蝶

此墨兰产自广东番山，为多舌萼捧蝶。各朵花的进化程度不一，有的多舌，有的肩蝶，有的捧蝶，有的则是多舌又有肩捧蝶，蕊柱高昂，估计还在续变之中。着色斑斓。

广东陈少敏培育

## 8–24 十艳蝶

此墨兰蝶花，绿彩萼卷攀子房，捧瓣增生一片，构成了十字形的捧蝶花，黄底嵌大红斑块，泛绿晕，十分绚丽可爱。

梁镜林培育

## 8–25 大双蝶

此为大花墨兰。捧肩均现唇瓣化之鲜艳彩蝶。十分难得，格外珍贵。

广东李明培育

## 8–26 奇萼三星蝶

该花花瓣完全唇瓣化，与唇瓣同形同色，萼片有的卷曲，有的短阔并初现唇瓣化。估计还在续变中。

绿莛、绿柄衬红斑花，十分艳丽。

广东陈少敏培育

## 8–27 岭南奇蝶

本品蕊柱分节拔高，各节着生花瓣，形成了花上花的奇观。各层花，一层比一层更复杂，唇瓣化程度更高。

广东陈少敏培育

## 8–28 新丰蝶

墨兰肩蝶花，唇瓣化程度高，超过2/3。曾获广东省首届兰花博览会金奖。

广东谭福台培育并摄影

## 8–29 回归蝶

此下山墨兰于1998年春节初次开出肩蝶花，唇瓣化过半瓣，花形小巧，姿态优美，色彩艳丽。

广东李明培育并摄影

## 8–30 红缟蝶

此墨兰蝶花与众不同，其肩萼之唇瓣化部分呈缟线状（可能为水晶体）；所在的部位也各异，有的在萼片下缘，有的在萼片中间，着实罕见。花色鲜艳夺目。

徐光培育

8-21

8-22

8-23

8-24

8-25

8-26

8-27

8-28

8-29

8-30

## 九、线艺类

### 9-1 白玉素锦（中斑缟艺）

本品于1991年，由广东胡应东、郭大妹、区锦泽发现于伦教农科站兰圃。曾获'94世界兰蕙展金奖，第七、八届中国兰花博览会金奖，1996年由陈少敏命为“白玉素锦”，并推广至台湾。

“白玉素锦”艺向多姿多彩。台湾的线艺兰“龙凤”、“达摩”系列所出现的艺向它均具有。现选刊五种，以供欣赏和参照。

本照片为“中斑缟艺”，即叶片中部有银白或金黄缟线，变化很大。是各种艺向的基础。

广东陈少敏培育并供照

### 9-2 白玉素锦（养老艺）

白玉素锦养老艺，为叶端有深绿帽，叶面有银白色大中斑艺。艺性稳定。

广东陈少敏培育

### 9-3 白玉素锦（中斑艺）

白玉素锦中斑艺，即叶面上有两条以上的纵向线艺条纹，自叶基伸向叶端，但未达中央，其叶尖缘有戴绿帽。

广东陈少敏培育

### 9-4 白玉素锦（中缟艺）

白玉素锦中缟艺，即叶片上有自叶基至叶尖端的纵向条纹。但往往会进化而兼有他艺。

广东陈少敏培育

### 9-5 白玉素锦（爪艺）

“爪”即嘴，是指叶艺集中在叶端之两侧缘。本品已有很大的进化，已出现深爪、垂线、覆轮等艺。

广东陈少敏培育

### 9-6 白玉素锦（花特写）

白玉素锦的花，为素艺花。它的萼捧端常镶有绿帽，萼面嵌有绿色斑缟线条。花莛为绿白色，花柄与花被均为黄色。相互映衬，生机隽永，雍容华贵，格调高雅。

广东陈少敏培育

9-1

9-2

9-3

9-4

9-5

9-6

## 9-7 红脉艺

红脉艺是广东省汕头市艺兰家李明先生从下山墨兰中选育出来的。红脉艺的出现，丰富了线艺兰的内涵，也丰富了兰花艺术宝库，可喜可贺！

红脉艺主要存在于兰叶上的侧脉间，出现有断断续续的鲜红色线段。它随着叶片的发育越来越明显，直至叶片寿命的终结。由于拍摄条件的限制，尚未展露其全容。

广东李明培育

## 9-8 石门宝

此为墨兰大石门之进化艺。绀缟斑底又含青苔斑。为最高艺的线艺珍品。

台湾郭明奎培育

## 9-9 松鹤图

本品原名“阿富斗种”，产于台湾中央山脉的花莲山区。属中垂叶。为绀帽白斑缟艺。

台湾郭明奎培育

## 9-10 大石门瑞玉艺

此为台湾产墨兰之大石门进化艺。绀帽白斑缟艺，又含青苔斑。为高艺品。

台湾郭明奎培育

## 9-11 龙凤冠

此为台湾产墨兰，中垂叶材，乳白色深爪冠艺佳品。

台湾郭明奎培育

## 9-12 华王锦

此为台湾产墨兰之“玉妃”进化艺，为乳黄色中斑缟艺。

台湾郭明奎培育

## 9-13 玉 妃

此为台湾产墨兰之乳黄色爪艺名品。

台湾郭明奎培育

9-7

9-8

9-9

9-10

9-13

9-11

9-12

### 9-14　黎　明

此为台湾产墨兰线艺之“玉松”进化艺。为中垂叶材，深绀帽，黄白色中透艺佳品。

台湾郭明奎培育

### 9-15　爱　国

该品于1971年发现于台湾石门水库区山野，为立叶态线艺墨兰佳品。为绀帽中斑缟艺，又含青苔斑。

台湾郭明奎培育

### 9-16　瑞　玉

本品于1930年发现于台湾中央山脉之花莲区瑞穗山林。为中垂叶态，雪白中斑缟艺墨兰线艺佳品。

台湾郭明奎培育

### 9-17　筑紫之华

此为台湾产之深绀帽中透艺墨兰。

台湾郭明奎培育

### 9-18　白金养老

该品于1931年发现于台湾苗栗县境之狮潭山区。为中垂叶，浓深绀帽白色中透缟艺墨兰。

台湾郭明奎培育

### 9-19　金玉满堂

该品于1957年发现于台湾中央山脉之花莲山区。为中垂叶材，属后明性绀绿帽黄色中透缟艺墨兰。

台湾郭明奎培育

### 9-20　长崎大勋

该品于1933年发现于台湾花莲山区，为中立叶材墨兰。原为“大勋”，现进为白爪缟艺。又有散在性白色斑纹，布满全叶。

台湾郭明奎培育

### 9-21　养　老

该品于1931年采集于台湾苗栗县狮潭山区。为中垂叶材之墨兰线艺品。属深绀帽黄色中透缟艺。

台湾郭明奎培育

9-14

9-15

9-16

9-17

9-18

9-19

9-20

9-21

## 9-22 龙凤冠

该品为“龙凤呈祥”之进化艺。属乳白色深爪艺。

台湾郭明奎培育

## 9-23 黄金养老

该品于1931年发现于台湾苗栗山区。属中垂叶态墨兰线艺品。为深绀帽黄色中透缟艺。

台湾郭明奎培育

## 9-24 金玉宝龙

本品为台湾产之线艺墨兰佳品“金玉满堂”之进化艺。属深绀帽黄色中透缟艺。

台湾郭明奎培育

## 9-25 新高山

本品为台湾产之线艺墨兰。为中垂叶态，银白色深爪艺。

台湾郭明奎培育

## 9-26 养老之松

本品于1931年发现于台湾苗栗山林。为中垂叶态，墨兰线艺佳品。为深绀帽、黄白色中透斑缟艺，呈放射状艺纹，十分美丽。

台湾郭明奎培育

## 9-27 黄 道

本品于1946年发现于台湾花莲山区。为中垂叶态线艺墨兰佳品。它属后暗性线艺品。为深绀帽黄色中透斑缟艺。

台湾郭明奎培育

## 9-28 筑紫之松

本品于1931年发现于台湾苗栗县境内的铜锣山。为中立叶态，罗纱底叶艺。绀深覆轮，黄白中斑缟，又有后明性青苔斑，属高级叶艺品。

台湾郭明奎培育

## 9-29 金 鸟

本品为后暗性、绀帽曙苔斑艺。

台湾郭明奎培育

## 9-30 梦中玉

本品为白斑缟艺墨兰。

台湾郭明奎培育

9-22

9-23

9-24

9-25

9-26

9-27 9-28

9-29

9-30

**9-31　复兴宝**

此为黄色中斑缟艺墨兰。

台湾郭明奎培育

**9-32　金　山**

此为台湾产之线艺墨兰“龙凤呈祥”之另一系列品种。为白爪白捧缟艺。

台湾郭明奎培育

**9-33　大　勋**

本品于1923年发现于台湾花莲山区，为中立叶态线艺墨兰。叶狭长。属白深爪捧缟艺。

台湾郭明奎培育

**9-34　翡翠玉**

本品产于台湾桃园县复兴山区之中垂叶态线艺墨兰。原名“泗港水”。属绀帽白中斑缟艺。

台湾郭明奎培育

**9-35　万年富贵**

此为线艺墨兰新品种，属覆轮斑缟艺。

台湾郭明奎培育

**9-36　新　林**

本品为1973年发现于台湾新竹、新埔结合部山野的线艺墨兰“阳明锦”进化而来的。为乳白色斑缟艺。

台湾郭明奎培育

**9-37　龙凤呈祥**

本品于1957年发现于台湾花莲山区。为中立叶态线艺墨兰佳品。属绀帽黄中斑艺出小爪艺。

台湾郭明奎培育

**9-38　长春晃**

本品为新下山之中立叶态线艺墨兰。为白斑缟艺品。它叶质较厚，叶姿雄伟，叶色深绿。

台湾郭明奎培育

**9-39　银　凤**

本品为小爪斑缟艺墨兰。

台湾郭明奎培育

**9-40　双美人**

本品为斑缟艺墨兰。叶常有翻扭，为艺兰增添了曲线美和动态感。

台湾郭明奎培育

**9-41　吉星高照**

此为新下山之线艺墨兰。为弧垂叶态，深爪兼乳白斑缟艺。

台湾郭明奎培育

**9-42　绝世佳人**

本品为新下山之中垂叶态墨兰线艺品。是小绀帽黄白斑缟艺。

台湾郭明奎培育

9-31

9-32

9-33

9-34

9-35

9-36

9-37

9-38

9-39

9-40

9-41

9-42

**9-43　旭晃**

本品于1938年发现于台湾苗栗山区。为垂叶态，叶端略扭转的线艺墨兰。属小爪黄白斑缟艺。

台湾郭明奎培育

**9-44　河东狮吼**

本品为新下山黄斑缟艺墨兰。

台湾郭明奎培育

**9-45　万代福**

本品于1972年发现于台湾花莲玉里山区。为中垂叶态，乳黄斑缟艺墨兰。

台湾郭明奎培育

**9-46　大雪岭**

本品于1977年发现于台湾屏东山区。为曙苔斑艺墨兰。

台湾郭明奎培育

**9-47　玉　松**

本品于1933年发现于台湾苗栗县卓兰山区。为中垂叶态之线艺墨兰，属深绀帽乳白中透艺。

台湾郭明奎培育

**9-48　太　阳**

本品系由原产祖国大陆的大明系线艺墨兰“金凤锦”进化而来的。为乳黄色大覆轮艺带缟线之名品。

台湾郭明奎培育

**9-49　桑原晃**

本品系于1983由日本人发现之中国墨兰线艺品。为立叶态黄色捧缟艺品。

台湾郭明奎培育

**9-50　满天星**

此为新下山之线艺墨兰。为流虎斑艺新品。

台湾郭明奎培育

**9-51　鹤之华**

本品为最豪华之墨兰线艺品，系由“金凤锦”进化而来。它幼芽粉红色，成株后出白冠艺，尔后再进化为深绀帽大覆轮垂线艺。

广东陈少敏培育

**9-52　瑞　宝**

本品半垂叶态，为流水样之白色或黄色虎斑艺。本品叶艺已有进化，兼有流水状之线段或缟线。

江西潘颂和培育

**9-53　银　道**

本品于2001年春采集于闽西南结合部山野之实生墨兰线艺品。为特宽覆轮中缟艺。

福建陈建正、陈子捷选育

9-43

9-44

9-45

9-46

9-47

9-48

9-49

9-50

9-51

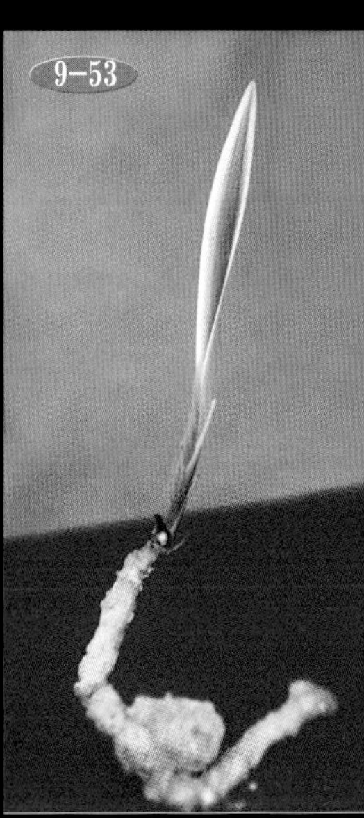
9-53

9-52

## 9-54 雪 玉

此为产自广西的素心墨兰线艺品。其叶梗处有丹穴艺，叶端有天河艺，合称玉爪艺。

广东陈少敏培育

## 9-55 天 河

本品系产自广西平南县境内山野，为天河艺墨兰。叶芽红色。可能是开鲜红花的佳品。

广西张仕金选育

## 9-56 红 宝

本品为下山白爪艺墨兰。开平肩桃红彩条花，十分秀雅。

广东陈少敏培育

## 9-57 天 宇

此为下山墨兰线艺新品。为玉宇艺含青苔斑艺。是十分可爱的线艺佳品。

广东陈少敏培育

## 9-58 琥珀金龙

此为下山线艺墨兰珍品。叶片上有好多处黄色横斑纹，其间又泛黄色散在性点状的星波艺。

广东陈少敏培育

## 9-59 玉霞龙

此为产自广东的下山综艺墨兰珍品。它集一水艺、长庚艺、中斑艺、银界艺、覆轮艺于一身。好比株体是财源，在用不同的方式闪烁着无限的光芒。

广东陈文晶、陈文亮采育

## 9-60 银 川

本品为下山嘴艺墨兰进化品。它集宽覆轮艺、片缟艺、中缟艺、爪艺于一身，十分醒目可观。

福建陈日明培育

## 9-61 飞 瀑

此为下山超阔墨兰雪白爪艺带蹴就缟艺。犹如山涧之飞瀑，十分壮观。

广东李明选育

## 9-62 黑琥珀

此为前所未闻的下山墨兰黑色叶艺品。其叶的下半段常有横行大皱卷，其间伴有横向黑色大块斑，十分奇特，它增加了叶艺文化的内涵，丰富了兰花艺术宝库，尚有出水晶艺的可能。

广东陈少敏培育

## 9-63 银边大贡

此为传统银边墨兰。

福建许杰培育

9-54

9-55

9-56

9-57

9-58

9-59

9-60

9-61

9-62

9-63

## 9-64 白三界

此为素心墨兰线艺佳品，为三光艺。艺体十分粗大，非常显眼。

广东郭润明培育，谭福台摄影

## 9-65 白旭锦

此为广西平南县境内山林下山的墨兰罕见叶艺品。为锦毛艺，即叶片不规则分段出白斑艺。

广西张仕金、张烽辉选育

## 9-66 新兴之光

此为下山墨兰线艺品，曾获第八届中国兰花博览会铜奖。集爪艺、边艺和太乙艺于一体。

广东李华强培育

## 9-67 雪 花

该品于1993年从广西容县松下山林采得，经多年培育，叶片显现白色线段的缟，其间又有点条状斑，还间有蓝色的条形斑或点斑。从目前看，可定为“飞絮艺”。估计有可能发展为美丽的画纹艺。其花萼端已有镶晶样的淡蓝色斑纹。甚为奇特，前景无量。

广西李庆彬选育

## 9-68 仙 鹤

本品为2001年新下山的特大深爪艺墨兰，即鹤艺。

广东李明选育

## 9-69 绿斑玉

此为下山绿覆轮中斑艺墨兰。格外特别的是叶片上，尚间有浓绿色的横切或斜切块状绿斑纹，给线艺兰增添独特的风采，丰富了叶艺兰的内涵。其平肩红花的萼端也镶蓝绿嘴艺，风采独特。

广东陈少敏选育

## 9-70 多 银

此下山墨兰苗，仅是鼻龙开阔，背群浮现，其下代竟出特宽银覆轮带中斑缟艺。这是培养者之幸运和高超的培育技术的结晶。

广东李明培育并摄影

## 9-71 玉 霞

此为墨兰花艺双全之中矮型新品。由冯刚毅从实生苗中选育出并命名。

本品为多艺性高档次线艺兰，已有旭艺、覆轮艺、中透艺、斑缟艺等。叶质油绿，艺色秀顽，开复色花。实为案头观赏之佳品。

澳门冯刚毅培育

## 9-72 红中王

本品为实生苗高档线艺墨兰。为覆轮中缟艺。更为可贵的是，在叶艺中夹带红斑艺，又广泛红晕，给艺兰增添了可贵的辉彩。其花肯定是鲜红得令人珍爱。

徐光培育

9-64

9-65

9-66

9-67

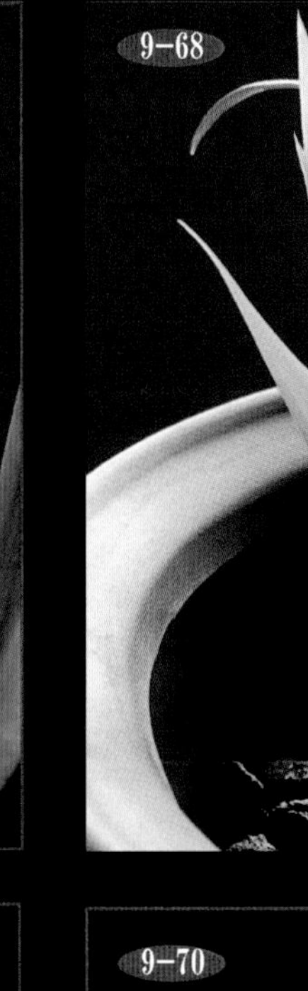

9-68

9-69

9-70

9-71

9-72

# 十、花艺类

## 10-1　笑　仙

本品于1996年采于闽西山林。红面白唇把鲜红花被映衬得艳丽可爱。捧瓣微兜，堪为水仙瓣形花。斜立中长叶，质薄幅阔，其背满布银丝群，出叶艺在即 。

福建薛国荣培育

## 10-2　红舌玉

本品于1996年采于闽西山林。大红阔舌镶白边，鲜艳可爱。

福建薛国荣培育

## 10-3　闽西红

本品于1998年采于闽西山林。白舌根、鲜红舌面与桃红花被，对比鲜明，鲜艳可爱。

福建薛国荣培育

## 10-4　红钻石

本品于1998年采于闽西山林。淡紫飞态花萼载着环状黄绿捧，捧环中的红柱头，犹如指环上的红宝石，其素黄唇也如指环上花饰，十分别致。

福建薛国荣培育

## 10-5　圣　姑

本品于1998年采于闽西山林。为黄斑叶红花墨兰。乳黄莛柄撑平肩鲜红彩花，神采飞扬，色彩靓丽。

福建薛国荣培育

10-1

10-2

10-4

10-3

10-5

## 10-6 满堂红

本品花瓣端起兜，水仙瓣花可称。全鲜红舌托全红花，鲜艳夺目，兆寓祥瑞。

广东谭福台培育并摄影

## 10-7 长素舌

此为广西那坡县境内山林下山墨兰。金黄采花，马步肩，乳黄色超长素舌，雍容华贵，富有特色。本品为斜立叶态，叶幅阔，叶姿宏伟，十分壮观。

广西农必明选育

## 10-8 卷瓣红

此为下山晃艺（全斑艺）红花墨兰奇态花佳品。造型各异，有如牛角，有如珠眼，有如攀龙，多姿多态，情趣非凡。红莛、红柄、红萼捧，白舌、粉鼻、黄药帽，相得益彰。

福建薛国荣培育，蔡宗和摄影

## 10-9 玛 瑙

此兰产于闽西山野，为最绮丽的墨兰复色花之一。唇瓣白底泛绿晕，缀大红块斑；花瓣疏披紫红条纹，背绿面红；红蕊柱嵌黄帽；萼片白底披细紫红条纹，红晕、粉红晕相间，嵌绿嘴。花容端庄，色如玛瑙，清香远逸，蜂蝶纷至沓来。本品为弧垂叶态，已出中透叶艺。

福建薛国荣选育，蔡宗和摄影

## 10-10 黄 鹂

本品于1997年从广东从化流溪河畔山野采得。经培育，已出爪艺，开出寒兰瓣形、平肩黄色淡彩花。花容端庄，格调高雅。

广东叶汉青培育

10-7

10-9

10-8

10-10

10-6

### 10–11 凤 凰

本品原产于台湾的屏东与台东间山区。它的花形与花色均与阳明锦、金山姬相似。现选刊其一，以资雅赏。

广东陈少敏培育

### 10–12 天仙姬

此为台湾产之细瓣桃红系列墨兰。它与艳姬、玉金娇等之花色、花形颇为相似。本品瓣形最细，红彩最疏，应为较靓丽的品种，刊此以供雅赏。

广东陈少敏培育

### 10–13 宜 姬

此为台湾产之红花系列墨兰。花形较小，平肩。萼端白色，大圆舌有放射状弧形红斑，花萼常呈前抱态。十分秀雅，富有内涵。

广东陈少敏培育

### 10–14 金红娇

此为下山墨兰花艺佳品。黄莛、红柄、红萼、黄棒、红蕊柱、黄药帽，黄唇嵌红斑，处处相互映衬，十分娇艳。

浙江任余庆培育

### 10–15 迎 春

本品于1994年从广西平南县境内山林采得。为鲜艳的五彩多花墨兰。本品的特点有三：花朵排列密集，莛花多达26朵以上；花为复色，红、黄、白、绿、紫，交相辉映；莛柄绿色，富有春意。在春节期间开花，洋溢着迎春的气氛。

广西吴能新培育

### 10–16 红 榜

本品为广西平南县之下山红花秋墨。莛花多达20余朵，花形大，着色浓淡相宜，十分秀雅。

广西吴能新培育

### 10–17 金红秋香

此为四川泸州产之金红彩花墨兰。花容端庄，雍容华贵。

四川邓少康培育

### 10–18 红 心

白覆轮鲜红萼，金黄棒，红蕊柱白药帽，白覆轮红唇瓣。全花小巧玲珑，鲜艳夺目。

广东李明培育

10–11

10–12

10-13 10-14 10-16 10-15 10-17

10-18

## 10-19 金 妃

此为墨兰花艺性品。素莛素柄，红条纹花，色彩素雅，花容端庄。

广东陈少敏培育

## 10-20 黑 宝

此墨兰黑花，衬托住红蕊柱黄药帽和翠底红斑舌，色彩对比十分分明，显得格外庄重。由于萼片没“紧边”，侧萼放角不明显，只能称行花。

福建陈日生培育

## 10-21 黑 蜂

墨兰莛、柄、花同为紫褐色，萼片、唇瓣反卷，如黑蜂搏击长空。

广西李庆彬培育

## 10-22 香 墨

此为能在春节期间献艳送芳的彩心墨兰。青黄唇瓣洒红斑，红彩、萼捧镶绿嘴，花色秀丽，富有迎春之意。叶阔，浓绿油亮，具有“三面利”特征。

福建许东生培育

## 10-23 企 黑

“企黑”为墨兰传统品种“企剑墨兰”之简称。它为直立叶态，株叶短阔，叶色浓绿油亮，花色褐红。花期春节。

四川邓少康、福建许东生培育

## 10-24 何仙姑

此为墨兰花艺佳品。红舌白覆轮，萼捧均白底披红条泛红晕，红蕊柱白药帽，花色靓丽可爱，美若仙姑。

福建许东生培育

## 10-25 红舌燕

本品萼捧短阔，呈三角状集束成铃形，红唇托紫红花被。形若飞燕，颇有动感。本品为广东罗浮山之墨花龙根苗。

广东叶美权选育

## 10-26 金丝燕

俯态的金红色墨兰花容，犹如一群南归的金丝燕。

福建薛国荣培育，蔡宗和摄影

## 10-27 金 鹰

此为多态多色花艺佳品。超大而卷端，背黄面白之唇瓣，黄蕊柱、白药帽、金黄捧瓣披红彩与复色萼片，交相辉映，十分秀丽。更可贵的是它的花姿朵朵有异，令人浮想联翩。

广东李明培育并摄影

## 10-28 翠红娇

本品为弧垂叶态。白花莛、绿花柄、红彩花嵌绿端，多色交相辉映，十分秀丽。

广东陈少敏培育

10-19

10-20

10-21

10-22

10-24

10-23

10-25

10-27

10-26

10-28

10—29 飞来红

此飞肩金红墨兰花，合蕊柱为朱红色，甚为别致而艳丽。

广东谭福台培育并摄影

10—30 翠 玉

该品为绿嘴黄彩花。花瓣短阔成桃形，且有微兜。花容端庄，色彩素雅。

广东谭福台培育并摄影

10—31 粉天鹅

此为广西平南产之深爪线艺兰开出的粉红大花。中萼前倾而端微挺，花瓣已略现雄蕊化，半盖合蕊柱，富有内涵。侧萼长尖似天鹅展翅翱翔。白舌白捧托粉红萼片，格外靓丽，令人爱不释手。

广西黄卫东培育

10—32 黑 脸

本品三萼片紫褐色，花瓣深鲜红色，白唇洒红点斑，交相辉映，相得益彰。经三年开花，性状稳定。

贵州薛天民培育并摄影

10—33 金红果

本品原产于云南与越南结合部山野，是十分绮丽的墨兰花艺珍品。萼捧白底泛金黄晕，疏披鲜红细条彩，鲜红舌白覆轮，在淡绿莛柄的衬托下，显得清新自然而靓丽，令人留连忘返。

云南周云芳培育

10—34 五彩玉

此为水仙瓣形花艺佳品。花瓣紧边微兜，辱瓣玉润素雅，在红蕊基、黄彩捧、紫褐萼的映衬下，显得格外娇美。

福建许东生培育

10—35 黑 玉

该花萼片墨黑镶金覆轮，白花瓣合盖红蕊柱，与红斑黄色唇瓣的共同辉映下，黑白分明，红光闪烁。寄寓清正廉明的风格，永远深受敬佩！

福建薛国荣培育

10—36 紫 妃

此为滇产墨兰。花色红得发紫，唇瓣乳黄泛红晕。花容端庄，色彩独特，寄寓受宠有加。

云南尚明贵培育

10—37 皇 妃

此为滇产墨兰花艺佳品。萼唇乳黄，鼻、捧略披红彩。花容端正，花色秀丽。

云南尚明贵培育

10—38 小 仙

此虽为墨兰之本色花，但株体已含有水晶成分，花器各部，也已微现水晶成分，续变力很强。

广东叶美权培育

10—29

10—30

10-31
10-33
10-34

10-32

10-35

10-36

10-37

10-38

### 10–39 冬桃彩

本品产自广东从化。为冬桃色素舌彩花。这细而白的花莛、紫彩苞片、紫彩蕾尖，能开出素舌和秀丽的冬桃色彩花，为花前选种提供了一个佐证。

广东熊金旺选育

### 10–40 金鸟花

此为产自台湾之墨兰花艺佳品。猫耳捧，常出双舌，萼捧全为金黄底披红条彩纹。萼捧缘均镶褐红边，花色迷人。

广东陈少敏培育并供照

### 10–42 绿宝石

此为墨莛黑柄紫色花。猫耳绿彩捧衬白柱头，覆轮紫斑舌中镶翠绿斑。花色浓重，对比鲜明，相得益彰。

四川邓少康供照

### 10–43 金王星

此为春节期间开花的金红彩墨。白覆轮红斑舌，构图独特，常有如星星状之放射黄斑。花容端庄，色彩艳丽。

四川邓少康培育

### 10–44 秋 玉

此为广西平南产之秋花墨兰。花色翠绿泛黄，象征秋色。素白舌。花心部的红彩斑，点缀得恰到好处。全花生机盎然，艳中有素。

广西吴志坚培育

### 10–45 绮彩桃

此为广西容县产之墨兰复色花佳品。色彩多色交相辉映，十分绮丽，令人珍爱。

广西梁云龙培育

### 10–46 攀龙墨

此金红彩墨，花柄常攀缠花莛，别有情趣。也易开多瓣奇花。

广西梁云龙培育

### 10–47 银 翠

此为白覆轮翠彩花墨兰，莛花多。花瓣的正反面色彩各异，独树一帜。

江西潘颂和培育

### 10–48 大秋红

此为滇产榜墨大型红花。花姿婀娜，花色艳丽。

云南周忠体培育

### 10–49 翡红秋香

此紫莛、紫柄小红花的秋榜墨兰。花形小巧玲珑，花色鲜艳。

云南周忠体培育

10-41

10-42

10-43

墨兰主产区之一 —— 福建博平山脉南麓

# 目　录


第一章　墨兰魅力与栽培史略 …… 1

第一节　墨兰的魅力 …… 1

一、花期春节，呈祥兆瑞 …… 1

二、历史悠久，品种众多 …… 1

三、六冠齐辉，风采翩翩 …… 1

四、株叶俊俏，风姿婉妙 …… 2

五、艺繁量大，玉润晶莹 …… 2

六、花序异化，变幻莫测 …… 2

第二节　墨兰的国内栽培史 …… 3

第三节　墨兰的国外栽培史 …… 4

第二章　资源分布与开发保护 …… 5

第一节　墨兰主产地的分布概况 …… 5

一、台湾产区 …… 5

二、福建产区 …… 6

三、广东、海南产区 …… 6

四、广西产区 …… 7

五、云南产区 …… 7

六、毗邻产区 …… 7

第二节　墨兰资源的合理开发与切实保护 …… 8

第三章　形态特征与种质识别 …… 9

第一节　根 …… 9

第二节　茎 …… 10

第三节　叶 …… 10

一、叶芽 …… 10

二、叶鞘 …… 11

三、叶柄 …… 11

四、叶数 …… 12
五、叶幅 …… 12
六、叶形 …… 12
七、叶面 …… 12
八、叶质 …… 13
九、叶齿 …… 13
十、叶态 …… 14
十一、叶色 …… 14
十二、叶艺 …… 14
第四节 花 …… 15
一、花期 …… 15
二、花莛 …… 15
三、花序 …… 15
四、花朵 …… 15
五、果实 …… 16

第四章 墨兰的分类 …… 17

第一节 墨兰在国产兰属植物分类学上的隶属 …… 17
第二节 墨兰的原变种与变种 …… 17
一、原变种 …… 18
二、秋墨 …… 18
三、彩边墨兰 …… 19
四、台湾墨兰 …… 19
第三节 墨兰的观赏性分类 …… 21
一、型艺类 …… 21
二、叶艺类 …… 21
三、花艺类 …… 23

第五章 墨兰的鉴赏与应用 …… 24

第一节 墨兰的鉴赏 …… 24
一、赏香 …… 24
二、看色 …… 25
三、观形 …… 26
四、品韵 …… 27
第二节 墨兰的应用 …… 28
一、增进节日气氛 …… 28

二、美化香化环境 …… 28
三、有益健康 …… 28
四、扩大创收门路 …… 29

第六章 墨兰的生物学特性 …… 30

第一节 墨兰的物候期 …… 30
第二节 墨兰的生长习性与生态需求 …… 30
一、喜阴而忌强光 …… 30
二、喜偏干而忌水渍 …… 31
三、喜温暖而忌严寒 …… 31
四、喜适湿而忌高燥 …… 31
五、喜通风而忌憋气 …… 32
六、喜肥而忌浊 …… 32

第七章 墨兰的栽植 …… 33

第一节 兰场的构设 …… 33
一、依培育目的选场所 …… 33
二、依场地实际构设兰场 …… 34
第二节 植料的选配 …… 35
一、植料的种类 …… 35
二、植料的调配 …… 38
第三节 兰盆的选配 …… 39
一、兰盆的种类 …… 39
二、兰盆的设计 …… 40
三、兰盆的选用 …… 41
第四节 种苗的栽前处理 …… 42
一、种苗的分簇 …… 42
二、种苗的清杂 …… 43
三、种苗的消毒 …… 44
四、种苗的晾根 …… 44
五、盆钵和工具的消毒 …… 44
第五节 栽植工艺 …… 45
一、畦地栽植 …… 45
二、盆土栽植 …… 45
三、无土盆植 …… 45
四、水培栽植 …… 46

五、气培栽植 …………………………………………………… 46
六、寄附式栽植 ………………………………………………… 46

第八章　墨兰的养护 …………………………………………… 47

第一节　栽后养护 ……………………………………………… 47
一、适浇定根水 ………………………………………………… 47
二、合理调控光、温、湿 ……………………………………… 48
三、适当给养 …………………………………………………… 48
第二节　常规管理 ……………………………………………… 48
第三节　自然条件的利用 ……………………………………… 49
一、光照的合理利用 …………………………………………… 49
二、气温的合理利用 …………………………………………… 50
三、空气湿度的合理利用 ……………………………………… 52
第四节　墨兰的浇水 …………………………………………… 53
一、水质要求 …………………………………………………… 53
二、水质的纠偏 ………………………………………………… 53
三、浇水时间 …………………………………………………… 53
四、浇水的数量 ………………………………………………… 54
五、浇水的方式 ………………………………………………… 54
六、免动力自动滴注法 ………………………………………… 54
第五节　墨兰的施肥 …………………………………………… 55
一、增大钾素的比例 …………………………………………… 55
二、肥料的埋施 ………………………………………………… 55
三、淡肥勤施 …………………………………………………… 56
四、菌肥的施用 ………………………………………………… 56
第六节　叶艺兰的莳养 ………………………………………… 57
一、栽培方式 …………………………………………………… 57
二、光温调控 …………………………………………………… 57
三、水湿管理 …………………………………………………… 57
四、营养供给 …………………………………………………… 58
五、分株繁殖 …………………………………………………… 58

第九章　墨兰的促控技艺 ……………………………………… 59

第一节　促根与促芽 …………………………………………… 59
一、原处诱促 …………………………………………………… 59
二、起苗诱促 …………………………………………………… 60

三、孤茎诱促 …… 60
四、保湿诱促 …… 60
第二节 叶艺的诱促 …… 61
一、添素促艺 …… 61
二、光波辐射 …… 61
三、电磁干扰 …… 61
四、化学诱变 …… 62
五、营养促艺 …… 62
六、除草剂促艺 …… 62
第三节 促花技艺 …… 62
一、难开花的原因 …… 62
二、促进开花的举措 …… 63
第四节 香气的促进 …… 64
一、花香欠醇的致因 …… 64
二、花香不富足的致因 …… 64
三、促香的举措 …… 64
第五节 墨兰的花期调控技艺 …… 65
一、花期调控的基础 …… 65
二、花期调控的措施 …… 65
三、延长花期 …… 66

第十章 病虫害的归类辨治 …… 67

第一节 病虫害不易防治的原因 …… 67
一、病虫原多 …… 67
二、扩散迅速 …… 67
三、杜绝不严 …… 67
四、客观温床 …… 68
五、形态特殊 …… 68
六、抗性锐减 …… 68
七、辨识不易 …… 68
八、措施不当 …… 68
九、防治意识淡薄 …… 68
第二节 非侵染性病害 …… 69
一、生态性病害 …… 69
二、营养性病害 …… 70
三、药剂性病害 …… 70
第三节 菌病害的按斑色归类辨治 …… 71

一、黑色斑类病害的辨证施治 …………………………………… 71
二、赤色斑类菌病害的辨证施治 ………………………………… 73
三、灰白色斑类菌病害的辨证施治 ……………………………… 74
第四节　病毒病害的辨识与防治 ………………………………… 75
一、提高植株抗病毒力 ………………………………………… 76
二、药剂治疗 …………………………………………………… 76
第五节　虫害的归类辨治 ………………………………………… 77
一、蜡质类害虫 ………………………………………………… 77
二、爬飞类害虫 ………………………………………………… 77
三、蠕动类害虫 ………………………………………………… 78
四、地下害虫 …………………………………………………… 78
五、卫生害虫 …………………………………………………… 78
第六节　菌虫害的无污染防治 …………………………………… 79
一、打好无污染防治的基础 …………………………………… 79
二、选用无污染药剂防治 ……………………………………… 79
第七节　提高病虫害防治效果的举措 …………………………… 80
一、育壮植株是提高防治效果的基础 ………………………… 80
二、严把清杂消毒关是提高防治效果的关键 ………………… 80
三、定期施药防治是提高防治效果的根本 …………………… 80
四、讲究防治方法是提高防治效果的策略 …………………… 80

第十一章　墨兰名品选介 ………………………………………… 82

一、素心品系 …………………………………………………… 82
二、传统名品 …………………………………………………… 84
三、墨兰五大奇花简介 ………………………………………… 86
四、墨兰五大新品奇花简介 …………………………………… 87
五、墨兰奇花新品选介 ………………………………………… 90
六、墨兰瓣型花新品选介 ……………………………………… 91

附录　古今赞颂墨兰诗句选摘 …………………………………… 96

# 第一章　墨兰魅力与栽培史略

墨兰学名*Cymbidium sinense*。植物学界以其花莛花朵多为棕褐色，近似墨色，而命名为“墨兰”。民间习依其盛花期恰在春节期间，而称其为“报岁兰”、“拜岁兰”、“丰岁兰”、“入岁兰”。又因墨兰株叶格外宏伟，宜于厅角堂口和廊道绿化，尚因墨兰的矮种奇叶格外别致，如同古玩，叶艺品更是多而秀颀，花既艳又香，极宜于入室观赏，而称其为“入斋兰”。大致就因墨兰独能与水仙、腊梅共于春节期间献艳送芳，以供雅赏，又可增进节日气氛和寓花开富贵、吉祥，而颇受历代海内外人士的青睐，成为最时尚的观赏植物和最受宠爱的年花之一，因此也就自然而然地成为价位最高的中国地生根兰花。

## 第一节　墨兰的魅力

### 一、花期春节，呈祥兆瑞

墨兰除了新变种秋墨（var. *autumale*）的花期特早，多在9月开花外，绝大多数品种在新春佳节期间献艳送芳，为习于团聚的人们增添节日气氛，又有“花开富贵，呈祥兆瑞”之寓意，自然颇受青睐。

### 二、历史悠久，品种众多

众所周知，早在1233年，福建漳州人氏赵时庚先生所撰写的，我国最早的一部兰谱，也是世界上最早的一部全面的兰花专著《金漳兰谱》中，就曾记载着七种墨兰名品。这足以证实墨兰的栽培历史悠久。

另据久享兰坛盛誉的我国兰花专家吴应祥先生编著的《中国兰花》，就把墨兰分为原变种（包括素心墨兰在内）、秋墨、彩边墨兰和台湾墨兰等四类之名种就多达96种之多，加上近几年来，由国家正式登录的，省级兰协登录的和在外国登录的，就不下二百种。还有那些未曾登录而正被公认的珍稀名品，少说也有百余种，更可观的是根本无法统计在列的，深藏于民间，暂时无缘展露和世代隐居于边远深山老林里繁衍生息的野生品种，就更难以胜数。就是所见所闻的品种，也难以屈指而数。足见墨兰家族之庞大！

### 三、六冠齐辉，风采翩翩

被誉为芬芳高雅的年花之墨兰，在地生根兰花中，确实是出类拔萃的：

①鳞茎硕大　不仅是高大种的假鳞茎能大如酒盅，就是常见种，也大如手拇指、脚拇指。这硕大之假鳞茎，洋溢着丰硕感，堪为地生根兰花中一冠。

②叶幅宽阔　别说墨兰高大种之叶幅能近似君子兰的叶幅、宽达5厘米上下；就是中高种，也常是3～4厘米宽的叶幅；连矮种墨兰也有2厘米余的叶幅。这宽阔而敦厚的绿叶，生机盎然，气势宏伟。又为地生根兰花中的一冠。

③叶色多样　墨兰的叶片，不仅仅是绿色，而有黄叶泛绿晕，白叶泛绿晕，淡绿叶泛红晕，绿叶泛墨晕，青叶泛黄晕，蓝叶泛蓝晕……这丰富多彩的叶色，是其他兰所不具的。堪为叶色超群。

④奇株纷呈　墨兰虽有与各类地生兰相似的株形叶态，但也常有其他地生兰所少有的雄姿雅态。那：高大、宽阔而工整之雄姿；坚韧、挺拔而斜射之潇洒；弧曲、弓垂而交错之婆娑；皱卷、扭拧而翻腾之浪漫……应有尽有，屡见不鲜，为其他兰所不及。堪为叶姿超群之地生根兰。

⑤莛高出众　墨兰根粗而长，鳞茎硕大，叶幅宽阔，光合作用面大，营养积累多，因而有花莛粗圆而高耸，大大高出叶丛面而利于观赏，是公认的第一出架花。

⑥莛花数多　地生根兰花，通常的莛花朵数，一般为3～9朵；多的，可达十几、二十朵。而墨兰，通常为7～17朵，多的可莛开二三十朵，最多的，莛开40余朵。确为兰中之最。

这六冠齐辉，风采独具，令人称奇道绝！

## 四、株叶俊俏，风姿婉妙

墨兰的假鳞茎椭圆硕大，株态庄重宏伟，叶片阔厚油绿。其叶姿多态，有如矗立之刀剑，有似娥眉如新月，有翻飞如飘带，有纵横皱卷如龙腾，有缀着光芒四射之艺体，有镶嵌着画斑彩之艺纹……真是风姿婉约，妙趣横生。

## 五、艺繁量大，玉润晶莹

可能是由于墨兰原生于地下有色金属矿藏丰富，地上腐殖土层深厚，荫被良好，空气湿度高之故，叶质就较为松软，而易于受外界力的作用而产生异化。因而各种叶艺，一应俱全，且出现概率高。兰花园艺界、实验探索，常以其为首选素材。也正因此，人们所见的叶艺兰，多是墨兰。如黄色艺、白色艺、绿丝艺、赤色艺、黑色艺、红色艺、蓝色艺、混色艺、水晶艺、图画斑艺、综合艺，无奇不有之艺向、艺型，一应俱全，层出不穷，玉润晶莹，赏心悦目。

## 六、花序异化，变幻莫测

众所周知，地生根兰花，除了春兰独为头状花序外，其余均为总状花序。而墨兰由于它的生态条件格外优厚，可变因子也格外充盈而活跃，在当今的光电射线、空气杂质、酸雨肥药等协同作用下，再也不安于寂寞，而远远比其他地生兰更富于异化。如复总状花序、并生总状花序、轮生花序、轴生花序、伞状花序等，屡见不鲜。大大丰富了兰花花序的内容，给人以创新的启迪！

即使您暂无缘一睹墨兰芳容，但见墨兰作品时，也会被其非凡的魅力所深深打动，而油生爱心！

## 第二节　墨兰的国内栽培史

墨兰这个高雅的年花，究竟何时开始栽培，尚未查到明确的记载。只能依据我国最早的一部兰谱——《金漳兰谱》，作者赵时庚先生曾在书上记述了七种紫兰，经有关名家考证，这些紫兰的形态描述，符合现今之墨兰。由此可证，墨兰的栽培，肯定始于《金漳兰谱》面世之前，即公元1233年前。

此外，沈渊如、沈荫椿父子著的《兰花》一书的首章“养兰史略”中提到：日本一些书籍中都谈到，日本的建兰和墨兰都是秦始皇派特使去日本寻求长生不老药时携带去的，至今仍保持其原名。笔者认为：此种说法，可能性颇大。因为福建不仅是建兰的故乡，同时也是优质墨兰的主产地之一。当时徐特使在福建选拔优质建兰的同时，那守信不渝、芬芳高雅的报岁兰，完全有可能被列入选送之列而带到日本。如果此话成立，那么墨兰的栽培史自然与建兰相近，应是始于秦始皇统治时期之前，迄今已有两千多年。

尽管墨兰的栽培可能始于秦始皇时期之前，但当时采种墨兰的，多是产兰区里的个别采药人、牧童和业余采兰者，而观赏性莳养者，则是一些公子王孙和文人雅士。他们往往不懂得莳养。即使莳养，也多是自然式的粗放管理。直至南宋《金漳兰谱》面世后，赵时庚莳养技艺的传播，莳养兰花技艺才有了逐步提高。

历来，莳养墨兰都是为了能于春节期间，有花可赏，有香可闻，以增进节日气氛。直到1904年，台湾苗粟县发现了中斑线艺兰“真鹤”起，便有人重视采集、收藏线艺墨兰。至19世纪60年代，祖国大陆大明系墨兰线艺品的频频涌现，才拉开了鉴赏墨兰线艺的序幕。墨兰也进入商品化的领域。它又有力地推动了墨兰资源的开拓，也促进了艺兰水平的提高。

到了20世纪80年代，热衷于鉴赏线艺兰的潮流，取而代之的是奇巧多变的矮种奇叶兰（兰界称其为型艺兰）的欣赏。但在自然界里，正宗形雅的矮种奇叶兰十分稀少，尤其是带线艺的矮种奇叶兰更加稀少，尽管株价高达120万元，也难刺激出批量的高档矮种线艺兰，以满足市场的需要。因而，花色绮丽的复色花、新品线艺兰、正格瓣型花、离宗别谱的奇蝶花、传统素心花，便争先恐后地与矮种奇叶兰平分秋色。这种局面一直延续到90年代中期。新兴的水晶艺兰、图画斑艺兰异军突起，跻身于“六军”行列之中，汇成了兰艺的“八国联军”。这“八军”各具特色，在兰商的炒作之下，新兴的水晶艺兰如火如荼，但过后不久就自然冷却下来。此阶段，另一个尚未被广泛所认识的奇妙艺兰——图画斑艺兰，也曾有所兴起，但很快就被一股“疑为病兰”的狂风所压倒。素心线艺兰便趁机兴起，但也是一阵子。

由此看来，哪类兰都有其各自的不凡魅力，但也难十全十美。任何一种，都难有绝对的优势压倒其他各类，只不过是在某种因素的作用下，暂时占了上风，不久又将被取代。这种各种艺兰平分秋色的局面，有可能较长时间地延续下去。即使善于把各种艺兰的精华进行优化组合的转基因育种，也还难以集众优为一体。即使能够广泛优化育种，也还需要不断创育新品种。尚且各个人的生活条件和爱好，不仅各不相同，而又是不断地变更。因此，每一种兰都有它的魅力，都有其存在的价值，都能迎合部分人们的嗜好。

人喜爱哪类兰，多会种养那类兰。所以说，人民爱兰赏兰的历史，就是栽培兰花的历史。每一个欣赏潮流的掀起和转换，都是兰花栽培史的足迹，也都在推动着兰花事业的发展。





## 第三节 墨兰的国外栽培史

我国是墨兰的主产国，此外缅甸、印度、越南等国也有出产。随着国际交往，墨兰逐渐远播他国。

据我国台湾兰家推测：在两千多年前，秦始皇的特使徐福携带福建的建兰至日本时，很可能同时携带了福建的墨兰。不过，这仅仅是推测而已。真正有史可鉴的是日本大化革新时期，日本政府为了借鉴我国的文化，陆续派遣有识之士前来我国。无意中发现了中国兰花之可爱，便着手搜集兰花品种，其中自然也搜集了不少墨兰品种。

此后，曾有一皇后病入膏肓。名医束手无策。突然从廊道上，吹来一阵兰花香，皇后闻到，病情却意外地有所转机。因而盛赞中国兰花，具有拒病驱魔之功能。致使养兰的风气，弥漫了全日本。建兰、墨兰、春兰、蕙兰、寒兰都在栽培之列。到了日本的德川幕府时代，建兰、墨兰相继出现了线艺。成了日本人争相抢购的对象。为日本掀起了又一阵持久的养兰热。并且大力推行科学种兰，培养出了大量的精美线艺兰，倾销于台湾等地，几乎是控制了中国兰花的市场。

东南亚地区受我国华侨的影响大，其栽培兰花的历史自然会比没有华侨的国家早。东南亚地区的国家，除了栽培他的国产兰花品种外，也在引种和栽培我国出产的建兰和墨兰。

自20世纪60年代起，随着我国与国际交往的日益频繁，中西审美观也自然而然地相互渗透，芬芳高雅的报岁兰也就随之越来越受国际友人的青睐。如银边墨兰、仙殿白墨、红花墨兰等都有批量出口东南亚和欧美地区。

# 第二章　资源分布与开发保护

久享兰坛盛誉的我国最著名的兰花专家吴应祥先生，在其名著《中国兰花》一书中载："墨兰分布范围较小，北纬25°以南地区有零星分布，比较多的是海南和云南南部。"一些墨兰产地的兰花研究工作者的考察报告及本人的考察与信访调查，都表明吴先生的记述是准确的。墨兰确实是分布于北纬25°以南的地区，以北纬22°～24°居多，多分布于年平均气温在18～22℃之间，海拔多在60～800米之间。

从多处实地踏勘发现和有关报道都说，墨兰多产于坡度较小，靠近水源，湿度较大，腐殖土层深厚，乔灌木、竹子、藤草混生的东南走向、坡度不大的山野上。常长于紧挨河岸、沟壑之草木丛生处，且多长于低海拔的、地面明显凹陷缘和突变处之草木丛中，也长于荫被良好的悬崖峭壁之上。野果、杂木、竹子间混生的湿地，常有其芳踪，但不长于纯竹林、纯松杉木林和蕨类植物遍生的林带。

墨兰主要分布于台湾的中央山脉、福建的闽西南结合部、广西的东南部、广东的北江流域、云南的文山州等地，以及与此相毗邻的地区和国家。

## 第一节　墨兰主产地的分布概况

### 一、台湾产区

台湾地貌多变，光照和煦、雨量充沛，夏无酷热、冬无严寒，地下矿藏丰富、地上植物繁茂，农作物可年四熟，是名副其实的宝岛。兰花资源异常丰富，为我国重要的墨兰产区。它不仅产量异常丰富，而且种质也十分优良。主要集中分布于中央山脉。台湾著名的兰花园艺家陈阿勋先生，把台湾墨兰的主产区划分为六个产区。现摘介如下：

①北宜产区　此区包括九份寮、金瓜石、瑞芳等16块山区。主产奇叶矮兰和线艺兰。慈龙、文山龙、奇龙、龙梅、东龙、正龙等奇叶矮种兰和瑞祥、瑞宝、芙蓉峰等线艺兰，均发现于该区。

②桃宜产区　此区包括桃园、新竹、宜兰等14块山区。大石门、圣纪光等线艺兰，金蕉叶、金轮等奇叶兰均发现于该产区。稀有的黑色奇叶兰"乌麒麟"也产于此区。

③花苗产区　此区包括花莲、苗栗、吉安等16块山区。蓬莱山、养老、爱国等线艺品和龙之宝等多艺矮种兰，均发现于该区。

④花南产区　此区包括花莲、南投、都兰等7块山区。瑞玉、玉松等白线艺精品和狮王等奇叶奇花线艺品均发现于此区。

⑤高台产区　此区包括高雄、台东、大南等10块山区。筑紫之松、大勋、日向、汉光等高档线艺兰，玖枝等矮兰和荷瓣多艺品，均发现于此区。

⑥台屏产区　此区隶属于中央山脉之关屏山区，包括台东、知母、大麻里等18块山区。盛产各类线艺名品、奇叶矮种和奇花兰。

## 二、福建产区

福建是个多山的沿海省份，地处亚热带，冬暖夏凉，雨量充沛，空气湿度高，溪流纵横地势高低悬殊大，地下矿藏丰富，地上竹木参天，腐殖土层深厚，各类兰花资源甚为丰富，其中以博平山脉最为盛产墨兰。本产区经长汀、连城、上杭、永定、龙岩、漳平、南下至华安、南靖、平和等县境。长达400余千米，平均海拔高度为700～1 500米。图画斑艺兰之杰出代表种"江山多娇"，线艺奇花"宝山奇"等不胜枚举的稀世珍品，就出自闽西；被命名为"佛手"的塔状轮生奇花、山城绿、节节花、珍珠奇、中缟花、闽南大梅、皱皮矮兰、粉叶斑艺和各种艺向的线艺兰、水晶艺兰等，均产自博平山脉之西与南。与龙岩、漳平永福毗邻的南靖县南坑镇，曾被世界兰花交流协会、台湾兰花协会名誉会长黄秀球先生誉为"好山出佳兰"之"兰花之乡"，就处于博平山脉的南麓。

博平山脉，确实出过数不胜数的墨兰佳种。无奈因福建的经济与广东等发达地区比，相对滞后，少有资金雄厚者收养良种。每采得良种，很快就被我国的香港、台湾以及日本、韩国等地的兰商以高价收购，或者是立即被当地兰商收购到广东出售。几乎是好兰留不住。好兰大量外流，致使各地兰商公认，福建的墨兰种质甚好。

## 三、广东、海南产区

①粤北山区　粤北山区界于北纬23°50′～25°31′之间。包括浈江、武江、南水、翁江、连江等水系。属中亚热带湿润季风气候区，海拔多在400～1 000米之间。其中最低的河谷地带，海拔仅有12米。地势北高南低。最高气温为28～29℃；最冷气温为8～10℃。但也有每隔8～10年一次的短暂性之－3～－9℃低温。年平均气温为18～21℃，日夜温差约为10℃。位于该区心部的乳源县、阳山县与湖南毗邻之石坑崆，是广东省的第一高峰，海拔高达1 900余米；位于该区南部的英德、清远等地，海拔仅十几米。这样冬可拒北下冷流，夏可驻暖湿气流，为天然的热带雨林区和季风雨林区之亚热带常绿阔叶林区。土质多为铁、铝红壤。兰花资源甚为丰富，各类佳品迭出。据说，中国的第一奇花——"神州奇"，就产于该区境内。

②粤中北山区　该地区处于北纬23°～24°之间。海拔多在300～500米，但也有突峰耸起，海拔高达千米以上的高山。属于南亚热带气候，常年温暖湿润。最高气温39℃余，最低温度为－2℃，年平均气温为20℃左右。为常绿雨季阔叶混交林带。盛产各类地生兰和附生兰。墨兰产量颇大。其中不乏高档线艺兰、高标准矮兰和瓣型花。矮仔王、达摩、高山宝、丰江奇望、黑珍珠、黑金刚、绿宝石、妙奇等珍品，就出自该区的新丰县境内。

③粤东南及海南山区　该地区有丙堂山、南昆山、九连山、罗浮山纵横交错。处于

北纬 23℃左右，属南亚热带气候。常年温暖湿润，光照充足，雨量充沛。盛产各类兰花。频出各类水晶艺兰、匙形矮兰、线艺复色花、红素花、镶边素花等珍品墨兰。

④粤西山区　粤西山区位于北纬 22°的广东电白和阳春两地之鹅凤嶂山脉。顶峰海拔 1 300 余米。蜿蜒数十公里，山高林茂，终年云雾缭绕。兰花资源十分丰富。盛产墨兰、寒兰和附生兰。其中以盛产白花被的细叶墨兰而闻名各地。

## 四、广西产区

广西产区，处于北回归线之亚热带季风气候区。这里雨水充沛，空气湿润，冬暖夏凉。群峰叠翠、溪流遍布、光照和煦、腐殖土层深厚，是兰属植物的重要产区。其中，有相当大的墨兰蕴藏量。为我国重要的优质墨兰产区，珍品层出不穷。

①中部产区　中部产区位于北纬 23°～24°之间。它的南界是北回归线北界，属于南亚热带，森林结构比亚热带常绿阔叶林复杂。年平均气温为 23℃，最高气温为 37℃，最低气温为 2～－1℃。主产墨兰，也产建兰、寒兰和少量春兰。该区的平南、桂平、来宾、苍梧、梧州、罗城、马山、都安、宜州、田东、田阳、那坡、隆林、西林、凌云、忻城等地都是优质墨兰的主产区。

②南部地区　南部地区包括龙州、大新、崇左、横县、容县、合浦、浦北等县。处于北纬 23°以下。盛产墨兰、建兰等。

③东南产区　东南产区，处于东经 108°。包括贺州、平乐、荔浦、象州、金秀、昭平、蒙山、阳朔、灌阳、恭城、藤县、岑溪等县、市。主产墨兰、建兰、寒兰。

④西南产区　西南产区处于东经 108°以西。包括宾阳、武鸣、上林、扶绥、靖西、天等、天峨、南丹、河池、百色、上思、东兴及中越边界等地。主产墨兰、建兰和春兰。

龚州晶龙、起明龙、桂龙、平南魔女、玉美人、白线艺兰、金银顶、水晶艺、图画斑艺、瓣型花、奇蝶花等，不断发现。为国内各地兰家、兰商和海外兰商提供过不计其数的墨兰精品。连中国兰花协会何清正秘书长等都说，当前有许多名兰和变异新品，都来自广西。广西堪为优质墨兰的主产区之一。

## 五、云南产区

被誉为“植物王国”的云南，处于北纬 12°9′～29°15′之间，平均海拔为 2 000 米，是个低纬度高海拔的地区。由于它的海拔较高，空气湿度比东南沿海低得多，多不宜于喜高湿度的墨兰生长，故仅分布于北回归线以南、海拔较低的河谷地带，如文山州、红河、思茅、临沧、德宏和西双版纳等空气相对湿度较高的地区。主产秋墨和思茅白粉墨。

## 六、毗邻产区

主要的毗邻产区有：与云南相毗邻的四川东南部；与广西紧挨的湖南东南部、贵州东南部；与福建接壤的江西、浙江东南部等的部分地区，不仅有一定的分布量，而且也发现了一些品质颇佳的良种。

## 第二节　墨兰资源的合理开发与切实保护

我国的墨兰资源虽然丰富，但其分布面却远不如春兰、蕙兰、建兰、寒兰广，而市价和外销量又遥遥领先。在高效益的利诱下，自然会有"大兵团"、"远征队"，反复搜索。这种光取不还，只采不育，竭泽而渔的毁灭性搜刮，必然会使其陷入濒危的境地。再加上乱砍滥伐、山地开发、毁林改种等，墨兰资源势必日益枯竭，已达到非重视不可的地步了。

有人认为，资源保护只是纸上谈兵，喊破喉咙也无济于事。有谁能管得住？又有谁愿意去管呢？尚且，由于20世纪80年代末、90年代初，人山人海地大采挖，近山几乎没有墨兰可采，有些人上山找了几天都是空手而归，现在根本无须什么保护。这表面看来，说得很在理，其实不然。就像1999年，水晶艺兰的时兴，在高价位的驱使下，"小兵团"、"远征队"又自发组成，对近山和不太远的远山，又像梳头发一样，再梳了一遍又一遍。说不定过些年，水晶艺兰会再度时兴；或者是图画斑艺兰走俏；或者是，再度掀起驯化下山墨兰的热潮，那些远山墨兰也难逃厄运。由此看来，保护墨兰资源，虽无太大的近忧，但不可没有远虑。

如何保护墨兰资源呢？说到底，还是根本在立法，关键在执法，出路在采育结合。

一是呼吁国家尽快制定并颁布墨兰资源保护法。在未出台之前，各地兰协应主动敦促当地政府尽快制定并公布兰花资源保护暂行管理条例。

二是各地兰协应积极建议当地政府，委托林业检查站、交管站、自然保护区等单位，坚决堵截未经驯化、选种的下山兰苗批量外运。与此同时，也有必要限制批量收购未经驯化的下山兰苗。

三是提倡采育相结合，做到既允许适当开发，又能有适当保护资源的方针。合理开发可以采取以下方式：

①提倡花期适当采挖，以利于选择性采集，防止盲目采挖，随意糟蹋资源，也可提高劳动效益。

②让当地群众和会员，享受利用资源的权利，实行限量采集的同时，都有育种的义务。即所有采集者，都应在自家兰圃里留种若干。由当地兰协组织收集，划定保护区播种。

③各地兰协应组织会员、群众，积极探索兰花园艺技艺，以提高莳养水平，增进效益。同时应组织力量进行杂交育种工作，大量繁殖佳种苗，优惠供应会员，大量上市应求。

墨兰资源的保护，如能有法可依、执法必严，再辅以给适量采集的权利的同时完成一定的育种任务，就不愁资源会枯竭。

# 第三章　形态特征与种质识别

常言道：眼睛是心灵的窗口。人的性格和心绪，不仅常凝聚于眼神之中，也常挂于脸上。而人的素质和天赋，还可从肖像和手脚掌上测出。这大概就是通常所说的“看其外，便可知其内”的秘诀。人是如此，有生命的植物亦然。兰花这种高雅的观赏植物，同样可从其外部特征来认定品种。只是我们对其观察还不够周详，尚未能系统地概括出普遍的识别规律与特殊的识别规律来。其预测的准确率，自然就不够高。为了尽快地实现从其外部特征准确地认定品种的目的，笔者试把有限的观察积累，综合部分兰家、兰友的观察经验，寓于形态特征的描述中，愿它能成为引玉之砖。

## 第一节　根

墨兰的根与所有地生兰花的根结构一样，为肉质、无根毛、乳白色。其表面为根被组织，起着吸收水分、养分和保护皮层组织的作用；紧挨根被（皮）的为皮层组织，俗称根肉，它约由20余层细胞组成，起着储藏水分、养分的作用，其中常有兰菌共生；在根肉之中，有一条淡赤色或淡乳黄色的线状体，学名中心柱，俗称“根筋”、“根芯”，它起着加强根的强度、支撑、固定植株和运输水分养分的作用。

墨兰的根，通常粗如筷子，长尺许，成簇而生。多数的根直生，偶或有分生小叉

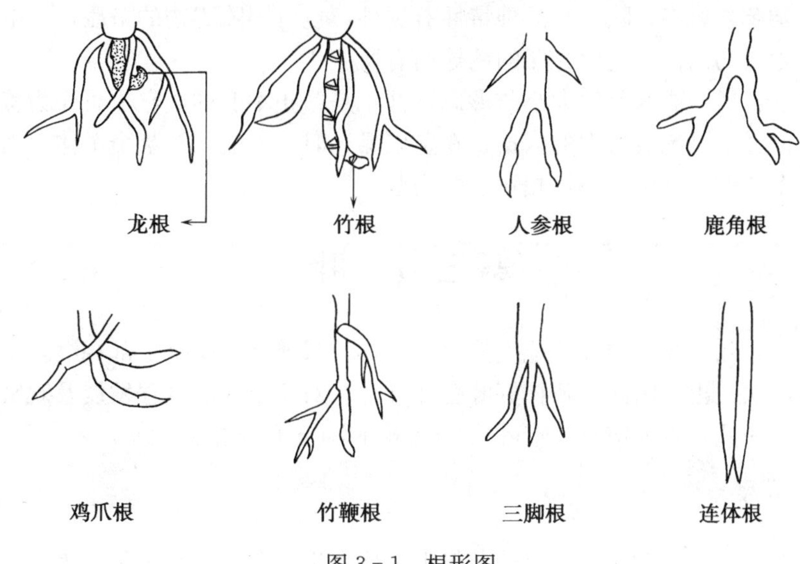


图3-1　根形图

根。但奇花、蝶花等良种的根，却常有人参状根、鹿角状根、鸡爪根、竹鞭状根、三脚根、连体根等（图 3 - 1）。

在野生和自然莳养的条件下，株高叶阔的直立、斜立叶态品种、根粗如手指，长尺余；中等株叶品种，根粗如筷，长近尺；叶片弧曲品种，根粗如大号铁丝，长盈尺；矮化品种，根粗如饮料吸管，长半尺余。

实生苗，均在假鳞茎底部正中，生有一条形不规则弯曲，如手拇指长许，其上镶嵌有细粒状的晶亮菌珠的菌根，被称为"龙根"，其实是"实生根"。它起着分化养料、保障实生苗的供给的作用。同时，这个龙根为实生苗的惟一标志，应该悉心保护。

还有一种根，状如中药材的"茅根"样，其上有明显的分节，节上有包片紧裹。此根，学名地下茎，俗名"竹根"。并非实生苗之"龙根"。它是假鳞茎基部分蘖叶芽时，遇到障碍而作适应性的延伸，而形成的一种地下茎。

## 第二节　茎

兰花的茎，既没有像大蒜、洋葱、水仙、百合、郁金香等是由许多鳞片组成的鳞茎，也不具能长顶芽的肉质球茎。但兰花肥大的肉质圆茎，茎外有节，节上着生绿叶，茎基能长腋芽，与球茎既相似，而又有不能长顶芽之别。称其为"假球茎"，比称其为"假鳞茎"更恰当。但国际上通称其为"假鳞茎"。

墨兰之假鳞茎与其他地生兰的假鳞茎结构、性能无异，仅是形态略有区别而已。墨兰的假鳞茎，通常为椭圆形，但也常因品种而异。素心种和标准矮种，多为球圆形；瓣型花多为卵圆形、橄榄形；奇蝶花，常为冬笋形、扁椭圆形、葫芦形和荸荠形（扁圆球形）等。

墨兰假鳞茎之大小，除了与其母茎的遗传有关，也与其根系壮弱和生长膨大期的水肥、光照、温度、湿度等生态条件息息相关。

墨兰假鳞茎之形态，除了与品种特性有关外，也可因障碍物的挤压，光电射线的刺激，激素、肥料的诱促，定向光照的诱导而有所变化。

总而言之：墨兰假鳞茎的大小与形态，并不是静止不变的，它虽可作为鉴别种质的依据之一，但并不是绝对可靠的依据。在鉴别品种时，不能光看某个个体，而要细看连体成簇的几个体形，其可靠率，相对会较高些。

## 第三节　叶

墨兰的叶鞘和叶片，和其他地生根兰花一样，只能从假鳞茎上部相继长出一次，以后便不可能再次长出。因此，呵护好叶鞘和叶片，对于植株的生存发展及观赏都有十分重要的意义。因此，古人便有"惜叶犹如惜玉环"（玉环系指杨贵妃）之说。

### 一、叶芽

叶芽有两种，一种是种子长出的龙根上端所发出的，称为实生芽。更多的是从叶鞘脊对下的假鳞茎基部分蘖出的，称为分蘖芽。

叶芽是被3～5片鞘叶所紧裹的扁圆形筒状芽。它在未露出土面时，无论什么品种，均为白色芽。露出土面后，在光线的作用下，就逐渐显露出色素来。素心品种的芽，呈素净的翠绿色；彩心品种的芽，就在翠绿色之上，浮泛或披挂彩色条纹。

叶芽露出土面后，续长至2～5厘米高时，便有15～25天的缓长期，也是本叶芽之长根期和新芽母株的花原基分化期。待叶芽的根长出2厘米长之后，叶芽又继续伸长，随之，叶片便从芽心部相继伸出，称为展叶期。

叶芽的色泽，常可作为花色的识别依据：除了纯绿色为素心花，披异色筋纹、泛异色晕的为彩心花外，还有分段着色的叶芽，它常为优美的复色花。

叶芽的形态也可作为识别种质的参考，将结合于“叶鞘”中讨论之。

## 二、叶鞘

叶鞘，俗称叶甲、叶裤。它担负着保护叶芽生长、发育的作用。

一株植株，通常有鞘叶3～7片。矮种兰仅是3片；一般的是5片，高大种可有7片之多。

叶鞘的总高度，通常为植株最长叶之长度的1/7许。因此，看成熟叶鞘的总高度，便可预知，该鞘叶内之幼叶可能长至多高。此为鉴别矮种兰的一个重要参考依据。要注意的是，造假者常把顶片鞘叶拔除，以降低叶鞘高度，谎称矮兰。实际上，叶鞘与叶片的结合不太紧，也不太松，一经被拔除了一片，叶柄与叶鞘的距离就显得不协调，应注意审视之。

叶鞘的形态，往往是植株品系的一种外在特征。如：鞘叶短而阔、鞘尖钝圆而向内兜勾的，可能开出瓣型花，或开萼端兜勾之花；叶鞘长且尖，呈45°外斜，其鞘尖又向株心倾斜的，可能开出佳品花；鞘端呈山字形的，其叶端多有山字形的奇叶兰；叶鞘双侧异样宽阔，其缘薄如蝉翅者，可能开出蝶花来；叶鞘并排呈连峰状，有人称其为姐妹甲，可能开出奇花来；叶鞘歪扭、勾卷的，可能开出多瓣奇蝶花；叶鞘重叠粘合的，可能开出多种异化之花；叶鞘尖格外晶亮的，是出线艺的征兆；鞘体有晶亮白斑块的，或有画纹的，是出水晶、图斑的征兆。

## 三、叶柄

兰花是从假鳞茎之上部节处长出叶片的。自此节处往上，约2～7厘米，就有镶嵌着橙黄色、粗线大环状晶亮体。此环状晶亮体，被称为“叶柄环”，也被称为“指环”。

叶柄是指自叶柄环以下，直至假鳞茎的“V”字形绿色植物体。叶柄的粗细，约为叶幅的1/6，长度为叶长的1/10～1/9。叶柄的宽与长，正好与叶片的宽与长成正比。

叶柄短是矮种兰之重要标志之一。通常的矮种兰和部分中矮兰的叶柄异常宽阔，颇似瓷器汤匙柄状。它的宽度，常为叶幅的1/4强。因此说，叶柄宽，也是矮种兰的重要标志之一。

叶片寿命的终结和叶片生理、病理病害所致的终结，叶片的掉落，都是从叶柄环处断落的。

叶柄环的有与无，数量之众与寡，形态之常与异，也可作为预测种质的依据之一。墨兰中的无指环植株，开出奇花的，已屡见不鲜。至于多指环和指环歪扭、重叠的，亦曾有开出奇蝶花。

## 四、叶数

墨兰的株叶数量，通常为2～4枚。除了个别品种仅是一大一小的2枚叶外，多数品种株叶数为3～4枚，壮株常有5枚。个别特殊的植株，株叶数可多达7枚。

子株的叶数比母株少，是长势趋弱、日趋退化的迹象，多不可能开花。子株的叶片数量比母株多，便是保持多叶的特性，是育壮的表现，当年多可开花，至少翌年必定会开花。

## 五、叶幅

叶幅的宽与长之比，常因品种而异。一般是，长窄叶种为1∶25；长阔叶种为1∶14.5；中长窄叶种为1∶22；中长阔叶种为1∶16.2；窄叶矮种为1∶12.5；中阔矮种为1∶8.8；短阔叶矮种为1∶4.8。

通常是，中长阔叶种开佳花的概率较高，中阔矮种也常开出佳花，叶长20～30厘米的中矮种、叶厚而阔的也常开出佳花。

## 六、叶形

墨兰的叶呈宽带形，为平行叶脉。约占近半的品种，叶的中段增宽，两端逐渐收小，端部又比近叶柄一端阔些，形似鲫鱼形。鲫鱼形越明显的，它的叶端就越钝圆，叶姿也就常有不同程度的翻扭。此种叶形的，常开短阔瓣花；叶端顺尖收尾的，端尖常略歪扭，可惜甚少有开佳花；端尖呈90°下垂，似鹦鹉嘴状者，有可能开出好花来。叶端长尖的，往往同时具备其他特征，可望开出好花。很多奇蝶花的叶端多为长尖收尾。

## 七、叶面

墨兰的叶面，多无明显的中折，叶面多是光滑油亮，其叶背虽不如叶面光滑，但也不觉得粗糙。

素心品系的叶面，近乎平展；彩心品系的叶面，多是有微中折状而呈广“V”字形。

有些矮种兰和中矮兰的叶面，常呈粗细、长短不规则的纵向褶皱，并伴有扭态叶姿。此类叶面的植株，常开出梅形或荷形花。

有的叶面，其主脉沟较深邃，叶端面双侧各有一个箭头样的叶沟，甚至在叶的中段，还有箭头状的叶沟，其近叶缘处，又伴有山脊样的纵向隆起，同时又伴有轻扭叶姿。此类叶面的植株，多是矮种或中矮种，有可能开出多瓣奇花来。

有些品种的叶面，浮泛有10余条，纵向匀细丝粗条纹的，称为“木纹叶”。其木纹，越细越密，越有可能，也越快出线艺。它的花，也常是佳品花。

有些品种的叶面，有细微的凹凸不平，有的还间撒有粗细不一的绿色珠粒。被称为粗皮叶或蟾蜍皮叶。此类叶面的植株，常开佳花，有的是蝶化花。

有的品种的叶面，它的一侧或双侧，镶嵌有深绿、紫黑、晶白或乳黄色的漩涡状体，形似眼睛，被誉为“龙眼”；有的叶中下段的一侧或双侧，镶嵌有褚红色，或黑色的，或乳黄色，或晶白色的小蚯蚓大小的粗线体。此为水晶艺兰，或是出水晶艺之先兆。它的花，也多是水晶艺花。

有的品种之叶面上，满泛散射状、纵横交织的深绿色筋纹，被称为“花格兰”。此种花格纹，常随着叶片的发育而逐渐隐匿。它仅是增加了叶面的观赏价值，与花的品位多无直接的联系。

有的品种，它的每一代之片片叶体，均有纵向褶皱，被称为“行龙叶”；有的，不仅有纵向褶皱，而且又同时间有横向褶皱，此种叶，被称为“双龙叶”。代代如一的行龙叶，常是开奇蝶花。如是代代“双龙叶”，其开奇蝶花的概率更高，其奇花的品位也比单行龙叶更高。

有的品种，它的叶面上间泛有不规则的深绿色斑纹，有的似云朵状，有的似鹧鸪羽点，有的似孔雀羽点，有的是放射状不规则斑纹。这些斑纹，在叶片半成熟时，显见度更高；老叶的能见度较低，但借助光线透视，还是清晰可见；嫩叶少数能见到此类斑纹，但随着叶片的发育，能见度日益提高。此类叶，除了增加叶的观赏价值外，往往在其花朵上，也会有类似特征出现。

### 八、叶质

叶质，系指叶片的质地。常有厚、中厚、薄、稍薄、坚硬、柔软、粗糙、细糯之分。

一般以“明信片”的厚度为中厚；比之加一层较厚的塑料薄膜者为厚；反之，比明信片略薄些为稍薄；仅有如一层的塑料薄膜厚者，为薄。如单张相纸的反弹力者为柔软；如双张相纸之反弹力者为坚硬；似皱纹相纸样者，为粗糙，如普通相纸光滑而又富弹性者为细糯。

一般是，质厚的，不易出叶艺，但较常开花瓣短而宽的佳品花，其香气也相对较富足；薄的，较易出叶艺，也较多开奇蝶花，其花香，有的会稍逊。坚硬而粗糙的，隶属于厚叶者；柔软而细糯的，隶属于薄叶者。

### 九、叶齿

叶齿即叶缘之茅也。多数墨兰的叶缘不具明显之叶齿，仅是叶端缘有较明显的细叶齿。有的良种，它的叶端背面主脉骨上，也长有茅刺，它常与叶端缘的叶齿同时具备，而被称之为“三面刺”或“三面利”或“三面齿”。它常为花味浓芳和高品位奇蝶花的花前识别品种的主要依据之一。

叶齿是细而薄的，不耐常拭摸，常拭会使锐利感锐减至全无。尤其是叶端背主脉骨上的叶茅，犹似竹笋壳上之毛，顺向摸之，少有锐利感，逆向触之，方有较明显之锐利感，但一经逆向移动性触拭，其叶茅，几乎都被揩拭去，偶有幸存者，再有人一拭，便全无。于是要求欲拭摸者，动作要轻，移动幅度要小，只许拭摸一片次。这些叶齿，在幼嫩阶段质甚软，同时也尚未全长成，多不具锐利感；发育成熟之叶，锐利感最丰；老叶，由于摸过的人多了，早已不存在，又不可能再生，仅是偶或幸存者，可让你偶得之。

叶齿有细锐、粗锐和粗细不规则相间之别。细锐者，多为开正格幽香花；粗锐者，多开瓣形短而宽的浓香花；粗细不规则相间者，常开奇蝶花，花芳相对也较持久。

叶缘规则或不规则的缺裂，紧缩的也常开出佳品花来。

## 十、叶态

墨兰的叶态，格外多样：直立内扣、直立笔挺、斜立拓展、斜立反翘、斜立弧垂、斜立环垂、翻转卷曲、多姿群集等，堪为姿态万千，十分壮观，令人倾慕。

株叶的着生姿态，除了因品系的固有特性而有别外，还可因培植地的光照、温度、湿度、基质、水质、肥质和外界力的作用而会逐渐地变更，直至完全变态。

叶态与花的品位、花的形态等方面，也有某些联系：

直立内扣、直立笔挺叶态的，其花莛多为粗短而笔挺，且多为正格花；斜立反翘之高飘叶，常可开出正格瓣型花；叶姿多态的，其花姿也会有相应的多态；斜立弧垂叶态，多为奇蝶花的叶态。

叶主脉小幅度地扭转弯曲，虽然叶态没有十分明显的改变，而其花莛、花柄、花瓣都有相应的扭转弯曲或多方面的异化。由此看来，叶主脉弯曲，可作为花前识别品种之参考。

## 十一、叶色

墨兰的叶色格外丰富，堪为独居兰中榜首。所有地生根兰花的叶色均与绝大多数绿色植物一样为绿色，且仅有青绿、浓绿、黄绿之别。惟独墨兰之叶色，除了与其同样有青绿、浓绿、黄绿之外，还有灰绿。更有如广东省梅县神州园培育的红中斑叶，笔者采育的全金黄叶（全盆龙根拱卫，金叶微泛绿晕），还有如台湾著名兰花园艺家陈阿勳先生选育的黑色叶“乌麒麟”和满泛黑晕之“天霸龙”、“卷蛟龙”。又有本书彩照“蓝宝石”之蓝色叶等。

叶之色泽与花之色泽，也有着一定的联系。如黄色叶，多开以黄色为主色的花被；青绿或黄绿叶，多开乳黄泛绿晕的花被；灰绿色叶，常会开出灰紫色花被；黑色叶，开出的花多为深紫色或紫褐色；叶缘或叶背脉纹上，有间泛紫红色晕纹者，多开出披挂紫红彩之彩心花；嫩叶的中下段以乳白、乳黄色的，它的花多为淡白彩、淡黄彩之秀雅花；蓝色叶，必开蓝色花。

## 十二、叶艺

由于墨兰的生态条件格外优越，叶片结构特别松软，叶幅又宽，接受外界条件的刺激能力较强等，而有较强的可塑性。也许是，正因此，它才会不仅有其他地生根兰花所共有之黄、白色线艺品、水晶艺、图画斑艺，而又有绿丝艺、红色艺、黑色艺。尚且不仅各种艺向一应俱全，而且数量也是最为丰富的。具体的，拟列于“墨兰的分类”一章中分叙之。

## 第四节　花

墨兰的花，也与其他地生根兰花一样，为三萼片、二花瓣、一唇瓣和一个合蕊柱所构成的人格化花。

### 一、花期

除了秋墨，多自 9 月陆续开花外，大多数的花期都集中在 1～3 月，其中有不少的品种花期，恰好在春节前后。当然，由于自然选择的结果，自然会有早花种和晚花种的花期，可在 1 月前和 3 月后。还有就是引种地的生态条件与原生地有别，其花期，也会有超前和错后。更令人欣慰的是唇瓣和花瓣向蕊柱的异化之“玉狮子”、“大顿麒麟”等，以及花序异化的“神州奇”、“佛手”、“子母花”等，分层次第开花，大大地延长了自然花期。有的花期可长达 4～5 个月。

### 二、花莛

墨兰的花莛由叶鞘脊对下的假鳞茎基部，或叶鞘内长出。它每每高出叶丛面 40～50 厘米，为地生根兰中的第一大出架花。

花莛粗大的，常开大花、多花；中粗的，多开奇蝶花、瓣型花；细小的，多开小蝶花和花艺品。

### 三、花序

墨兰的花序与其他地生根兰花一样，为总状花序。通常每莛开 7～13 朵花；好多品种，可莛开 15～21 朵花；有些多花品种，莛开 28～38 朵之多；还有个别的超级多花品种，可莛开 48 朵之多，堪为地生根兰莛花朵数之冠。

墨兰的花序已有了不少的异化，如并生总状花序、复总状花序、轮生花序、轴生花序、伞状花序等。

### 四、花朵

墨兰的花朵构造与功能，基本上与其他地生根兰花一样。所不同的是，它能与蕙兰一样，可从花柄（子房）的腋部（即花柄与花莛的连接处）分泌出蜜滴（图 3－2）来，即所谓的“兰膏”。这蜜滴的溢出，相对地减少了蕊柱间芳香油的浓度和储量。这可能

图 3－2　蜜滴分泌示意图

是墨兰的花香量欠丰的一个致因。

墨兰花放香的主要时间是上午 10 时许和下午 7 时许，其余时间，香气便较淡。

墨兰的普通花为竹叶瓣花。其中也有一些花瓣短阔、姿态优雅的佳品；其正格的瓣型花虽有，但量甚少；那多瓣奇花、蝶化花和多种异化的奇蝶花，却不仅是量较多，而且品位超群。

墨兰的花，虽多为淡褐色披挂紫红条纹，但也并不单调。那些金黄、乳白、青绿、粉红、鲜红、鲜蓝、墨黑、灰紫的素花和彩花，应有尽有，那些五彩斑斓、绚丽夺目的多色花、复色花也常常可见。

### 五、果实

花朵一经受精，处于花朵之下的子房（即花柄部分），便日益膨大，发育成 1.3～1.6 厘米直径、8～10 厘米长的纺锤形蒴果。约经一年的生长发育，其果色逐渐转为黄绿色。说明果实已发育成熟，应及时采集播种。

# 第四章 墨兰的分类

## 第一节 墨兰在国产兰属植物分类学上的隶属

我国的兰属植物约有170余属1 200余种，千奇百态，异彩纷呈。古代的传统分类过粗，既不够科学，也不利于开发和发展。但如按科学的分类法，依兰的生物学解剖特征，将相同或相近的特点进行归类的话，一般人又不易看懂。于是，我国最负盛名的兰花学家吴应祥先生与台湾兰花学者张保泰先生商定，以北宋黄庭坚的“每莛一花为兰，每莛多花为蕙”的分类法为基础，结合吴应祥、陈心启的《国产兰属分类研究》，将我国现有的常见兰属植物31种，分为2个组，5个亚组。

墨兰是一莛多花，自然被列为第二组——蕙组（Sect. Floribundum）。

由于墨兰的合蕊柱长在2厘米以下，花的直径普遍在6厘米以下，与蕊柱长2厘米以上，花径6厘米以上的黄蝉兰、虎头兰、碧玉兰、美花兰等相比较，相对合蕊柱短，花小，而被列入蕙组的第一亚组，即短柱亚组或称小花亚组（Subsect. Microcymbidium）。而与蕙兰、莲瓣兰、春剑兰、建兰、寒兰、套叶兰、台兰、多花兰、果香兰、邱北冬蕙兰、冬凤兰、纹瓣兰、硬叶兰、大雪兰、落叶兰、珍珠矮共计17种。

这是依据兰花的繁殖器官中的决定性特征——蕊柱，结合莛花朵数和它的平行叶脉来分类，已是相当科学的。但吴应祥、陈心启、张保泰三位先生十分谦虚地提出“望众学者共同探讨”。笔者并非学者，本无资格参与探讨，但受执著的爱兰、扬兰之心所驱使，冒昧聊叙管见，未知能否成为研究之些许参考。

恕笔者斗胆直言：蕙组中的第一亚组——短柱亚组或称小花亚组，把地生兰、附生兰或半附生兰，花香、花不香或仅有微香的，合归为一个亚组，似乎范围大些，也未免过于笼统。不知可否在亚组下，再细分为地生小组与附生（包括半附生）小组。这样便可基本把地生兰、附生兰区别开来，同时也就自然地把花香与花不香的区别开来。这也许既能更符合实际，又不影响科学性。

## 第二节 墨兰的原变种与变种

墨兰（*Cymbidium sinense*）根粗圆而长，假鳞茎明显而圆大，叶柄粗大而略斜立，剑形叶宽阔而厚实，上部向外披散，叶幅常是建兰叶幅之2倍许，叶面较平展，叶色多浓绿油亮，叶端顺尖或钝尖，端缘有微齿。在众多的地生兰中，墨兰是最易被准认。

墨兰栽培历史十分悠久，几乎与建兰相同；品种也十分繁多。南宋赵时庚先生的《金漳兰谱》中所记载的紫兰，据众多学者考证，多指现今之墨兰。吴应祥先生在其著作《中国兰花》中，把其分为原变种、秋墨、彩边墨兰和台湾墨兰四大类。现摘录如下：



## 一、原变种

墨兰原变种（var. *sinense*）的花期在春节前后（1～3月），可分为彩心墨兰和素心墨兰两种。其常见的品种有：

**1. 小墨** 小型墨兰，半垂叶，叶长21厘米，宽2厘米，有光泽。花莛青绿色。花期2月上旬。原产福建。

**2. 徽州墨** 立叶，长46厘米，宽2.5厘米，浅绿色，稍有光泽。花莛青绿色，花色紫红，较深。产福建漳南山区。

**3. 江南企剑** 立叶，叶长51厘米，宽2.1厘米，浅绿色，有光泽。花莛青绿色。产福建。

**4. 落山墨** 叶半垂，叶长45厘米，宽2.2厘米，有光泽。花期2月上旬。产自广东省仁化县。

**5. 云南白墨** 叶半垂，花莛、鞘及苞片皆为白嫩绿色。花被亦为白色，但唇瓣有紫红色斑点。产自云南思茅。



**6. 仙殿白墨** 半垂叶，叶长45厘米，宽2.1厘米，叶面平展，浅绿色，有光泽。花期2月上旬。产自广东罗浮山。

**7. 软剑白墨** 垂叶，大型。叶长60厘米，宽3.3厘米，浅绿色，有光泽。2月上旬开花。产福建、广东。

**8. 山城绿** 叶弓垂，大型。长63厘米，宽3.2厘米。花莛绿色，高67厘米，莛长13～17朵，最下部的一朵花的苞片长于子房连梗。产福建南靖。

**9. 绿仪素** 垂叶，大型。叶长70厘米，宽3～4厘米。花莛绿色，高约70厘米，莛花9～15朵，花大型，淡褐绿色。产福建。

**10. 企剑白墨** 立叶，叶长50～60厘米，宽2～3厘米。花白色，一尘不染。春节前后开花。产自广东。

**11. 玉殿白墨** 半立叶，叶长40～50厘米，先端尖锐。花较小。素心花。产自广东。

此外，尚有鹦鹉墨、扭剑墨、朱砂墨、新山墨、直剑墨、虎山墨、长汀墨、牛角墨、李家墨、良口墨、纤纤、香报岁、南靖墨等。

于20世纪80年代，在云南文山地区的老山，发现了墨兰，被命为‘老山墨’。也为一般墨兰。

## 二、秋墨

秋墨（新变种）（var. *autumale*）花期特早，多在9月开花。与原种相似，莛花

7～9朵，花莛高出叶面。花多为淡紫红色或紫褐色，唇瓣有斑点。产广东、福建、云南及台湾。

**1. 秋榜**　叶较宽，下垂，长72厘米，宽3.1厘米。花紫褐色。9月下旬开花。香气稍逊。

**2. 秋香**　叶厚而垂，长约43厘米，宽1.8厘米。9月上旬开花。有香气。

## 三、彩边墨兰

彩边墨兰（变种）（var. *margicoloratum*）　叶片边缘有黄色或白色线条。本类型出芽较迟，繁殖较难。有下列品种：

**1. 金边墨**　叶缘有金黄色条纹，一般条纹过半而未达叶基。有的仅是深爪。产自福建。

**2. 银边大贡**　叶边缘有银白色条纹。产自福建、广东。有的叶面之叶艺已有很大的进化，常为垂线或中透缟艺、中斑缟艺等。

## 四、台湾墨兰

**1. 红花系**（包括桃红、粉红色花品种）

（1）玉桃　桃红色花。

（2）桃姬　浅桃红色花。

20世纪80年代就有"线艺有瑞玉，花艺有桃姬"之美誉。它曾荣获1983年在日本举行的第十三届世界兰展一等奖和三等奖。

桃姬，花色鲜明娇艳。雪白萼片，花瓣披有鲜红条纹；唇瓣大，白舌面上红点密排成两纵行，十分对称，为平肩大花。

（3）红花报岁　花莛鲜红，大型红花有淡黄色脉纹，花瓣下垂，覆盖于蕊柱之上，唇瓣长阔反卷，黄底洒红点斑。

此外尚有：小春桃、满江红、樱姬、万里红、樱桃、桃红花、天仙姬、喇叭姬等。

**2. 奇花系**　畸形瓣墨兰，花色斑斓绚丽。主要品种有国香牡丹、大顿麒麟、富贵、凤蝶、吉福龙梅。此外尚有文山奇蝶、仙蝶、新蝶、龙珠、双蝶、福梅、绿英、蓝蝴蝶、华光蝶、文汉奇蝶、小梅、天龙、紫龙、圆瓣、超瓣、福禄寿等。

**3. 白花系**　包括白花素心、绿花素心、红花白唇、白花红唇等类型。主要品种有：翠江素、文林素、绿瑛、白凤、紫薇、白玉、红玉、金丝雀。

此外尚有：文顶素、文新素、天香素、文山学士、文山素、台湾十八学士、翠绿素、黄舌、白舌、朱砂素、鸳鸯素、龙舌、黄玉、金龙、白鸟、吴氏素、天一素、笑玉、碧玉、红蛾、红露、红珠等。

**4. 花叶素**　包括各式各样的叶艺品种。

（1）白青晃　雪白大覆轮。

（2）金青晃　黄大覆轮。

（3）新高山　爪缟艺。

（4）高明　新高山之白爪艺。

（5）白晃殿　或称白晃鹤。白爪缟艺。

（6）玉竹　黄中斑缟艺。出高艺时，为黄色胡麻斑缟，绀覆轮黄中透，中透部分呈青苔斑。

（7）瑞玉　为最早的华丽珍美名品。雪白中斑艺。艺色稳定，性健，容易繁殖，为中斑艺之代表品种。

（8）瑞晃　由瑞玉进化而来，白中透艺，绀色深大帽子白中透艺。

（9）真鹤　白中透缟，内带细而少之青苔斑及绀帽子。

（10）朝玉　为古老品种。于1940年命名。绀深绿帽，白中透，青苔斑艺。

（11）昭玉　1938年命名之古老品种。为后明性深黄色缟艺。

（12）龙虎　出白棒缟、黄白虎斑艺。

（13）玉松　绀深帽雪白中透艺。

（14）黎明　由玉松变异而来的。绀绿帽黄中透艺。

（15）岩岛　白爪缟艺。

（16）芙蓉峰　叶尖白生斑艺。

（17）蓬莱山　雪白斑缟艺。1936年传入日本，1943年正式命名。

（18）五十铃棉　白缟，与蓬莱山近似。

（19）岩粹　黄色爪缟艺。

（20）白扇　白蛇皮斑艺。

（21）天松　叶部分显现蛇皮斑。

（22）天玉　又称白瑞玉。为绀深帽白中透缟艺。

（23）自由之华　白云块斑，斑内有绿色网纹缟。

（24）华山锦　1952年命名。绀帽子覆轮，白中透艺。

（25）瑞宝　黄色虎斑艺。有时出白黄色流缟艺。1938年命名。

（26）养老　黄中透叶艺之代表种。第二次世界大战后正式命名。

（27）大勋　白覆轮，爪斑缟艺。

（28）金玉满堂　绀绿帽，乳黄中透艺。

（29）黄玉之华　大虎斑艺。

（30）大雪原　绀帽覆轮，白、黄、绿三色缟艺，1960年命名。

（31）旭晃　白覆轮，黄缟艺。

（32）万代福　叶背满布鲜明的银丝线，是三色中斑艺。1973年选出。

（33）大石门　绀帽覆轮，白缟艺。

（34）龙凤呈祥　深绀帽，中透缟艺。1973年命名。已有不少变异品，如龙凤爪、龙凤冠等。

（35）金碧辉煌　原为小爪，浅黄缟艺。中垂叶，质薄。经多年培育进化为爪缟、爪斑缟、斑缟、覆轮、冠、鹤等高级艺品。

（36）代代福　白黄缟艺。白如雪、黄如金，艺色明亮。

（37）五福临门　龙凤艺出爪变冠。新芽由黄白色变斑缟。

(38) 三星高照　龙凤出冠、银斑缟艺。

(39) 金山　自1957年培养至1981年，进化有爪缟艺、大覆轮、斑艺、冠艺。

(40) 长寿　黄白中斑艺与浓绀色叶相衬，变为深绀帽、黄中斑、斑中带有浓密之青苔斑艺。

(41) 胜利之光　雪白爪，涮毛缟。1976年为台东海岸山之山胞所采。经8年培育后出艺。

(42) 日晃冠　乳白色大覆轮或鹤艺，或乳白鸟嘴带中斑的爪缟艺。

(43) 天凤　黄白色斑缟、中斑、中斑缟、中透、爪斑缟等。

(44) 圣纪晃　新芽由绿色转凤黄色，成株后，叶呈全面细粉黄白斑，斑缟均出。

新的线艺品如雨后春笋，层出不穷，不胜枚举。在本书彩页上，介绍了部分新品和传统名品，以供鉴赏和对照。

## 第三节　墨兰的观赏性分类

墨兰这个有生命的高雅艺术品，它那多姿多彩的株、叶、花，无不饱含着艺术的内涵，都能给人以美的享受和陶冶。人们在鉴赏和交易时，未免要涉及类别，但由于各地的习惯与称谓不同，给交流带来了诸多不便。为了使其有个比较一致的称谓，试以归类如下：

### 一、型艺类

**1. 奇姿**　指植株着生姿态独特，叶形叶姿别具一格。

**2. 行龙**　专指叶形具有或纵或横，或兼有之皱卷扭曲。

**3. 高瓢**　指直立或斜立叶、中段至叶端增大至鲫鱼形，先端平展后，又再上翘，呈授露型（俗称瓷器汤匙状）叶尾。

**4. 矮种**　包括青叶矮墨、奇姿矮墨、圆叶矮墨、行龙矮墨、粗皮矮墨、瓣型花矮墨、素花矮墨、线艺矮种、水晶矮墨、图画矮墨。

### 二、叶艺类

**1. 线艺**

(1) 爪艺　线艺集中在叶尾两侧缘。俗称为鸟嘴，简称为嘴。通常依嘴艺的粗细、长短而细分为大鸟嘴与小鸟嘴。墨兰的旭晃、金华山是此类线艺的代表种。

爪艺之粗细、长短不同，其称谓各异。爪艺之长度超过叶长的1/2以上的，称绀帽覆轮，如日向；爪基深度在5厘米以内者，称为浅爪；爪基在5～20厘米者称为大浅爪，如新高山；爪基在20厘米以上，其端部叶艺又异常宽阔者，称为鹤或冠，如汉光、养老冠。

爪艺内缘有线艺条纹伸入叶绿体者，称为垂线。垂线粗而长者，称为缟艺，如大勋、金凤锦；爪艺内缘仅有斑（短而小的线段）而无明显的垂线者，则称为爪斑艺，如金碧辉煌。

(2) 覆轮艺　艺在叶缘，兰界俗称为边或镶边。其艺体长达 2/3 叶缘以上的，可称为边艺；不及者，仅能称为深爪；边艺透达双缘基部而又有一重叶艺者，方可称为覆轮艺。

单纯的覆轮艺并不多见，多数都与其他艺性同时出现，如日晃冠。

(3) 鹤艺　鹤艺是由爪艺逐渐演变而来的，但必须是爪艺在转覆轮时，才有可能演变成鹤艺，但也有极个别的，是直接由爪艺突变成鹤艺的，如金华山突变成鹤之华。

鹤艺有两种类型：

①不转色鹤艺　即自新芽至成熟株，艺色如一者。如金华山之变异品太阳。

②转色鹤艺　即新芽桃红色，展叶后，变成绿覆轮白中透艺，叶片发育未成熟时，白中透艺变为灰绿色；当叶片发育完全成熟时，其叶端粗而宽的绿覆轮艺再转变成为象牙色鹤艺。这种随着叶片的生长发育而逐步转换艺色的鹤艺，称为转覆轮鹤艺。如墨兰中的鹤之华。

(4) 斑艺　所谓斑，即在叶片上镶嵌着点、块或线段，与绿叶色泽不同的艺色体。依其形状、色泽之异、而有不同的称谓。

①虎斑　其艺形、艺色恰似虎皮上的斑纹而得名。常依斑的大小与排列形式之异而有所别：

大虎斑：其斑块的总面积占全叶面之一半以上，斑块也好大。如墨兰中的黄玉之华、不知火；春兰中的守山门、安积猛虎。

小虎斑：斑块形小而呈零星分布。如建兰中之蓬莱之花。

流虎斑：由众多细小块状斑连缀成串片似流动着的水滴状。如墨兰中的瑞宝。

曙虎斑：叶面的艺斑边界较模糊，犹似曙光初照。如墨兰中的不知火、大雪岭。

切虎斑：斑艺布满叶的整段，艺斑与绿叶的边界，好比刀切得那样整齐。如春兰中的三笠山。

②锦砂斑　砂点状之艺斑，满叶皆密布。如墨兰中的圣纪晃。

③蛇皮斑　细小的艺点汇聚成蛇皮纹样排列，惟妙惟肖。如墨兰中的白扇；春兰中的锦波、守山龙、群千岛。

④苔斑　即艺斑之上含有叶绿素，其叶绿素的成分称之为苔。如曙虎斑艺之上，又有叶绿素状的苔，则可称为曙苔斑，如墨兰中的大雪岭。

⑤全斑艺　整片叶，或叶之先端一整段、或叶柄部分，或叶基部分，或叶中段，呈现全段白色或黄色，其上又无任何色泽之点斑块存在者，称为全斑艺。如墨兰中的玉妃、凤凰、喇叭、玉桃。

全斑艺，多数具有先明后暗性，即新芽是全斑艺，随着植株的发育而逐渐转为与绿叶同色，看不到艺斑。但它们的花，却多为红花系，仅有个别的品种，开白色花，如寒兰中的丰雪。

(5) 缟艺　“缟”，即线条也。缟艺是指自叶基直到叶端尖之纵向线条纹。如墨兰中的蓬莱山、桑原晃。

在缟艺之中，若夹带有若隐若现的线段纹者，称为斑缟艺。其艺向，主要有下列三种：

①纯斑缟艺　即自叶柄至叶端，均满布线段纹和线条，又是相互平行的。如墨兰中

的旭晃。

斑缟艺中，线段纹多于线条者，名为宝艺。宝艺，为斑缟中的最高艺。如墨兰中的旭晃宝、龙凤宝。

②白爪斑缟艺　即黄色斑缟艺之叶端缘罩有小白爪者。如墨兰中的汉光、唐三彩。

另外，有一种十分罕见的白色爪斑缟艺，即雪白爪覆轮。叶面中脉间有金黄色中透斑缟线艺。如墨兰中的金银顶。

③绀爪斑缟艺　即斑缟艺的叶尖端有绀绿爪（俗称戴绿帽）。如墨兰中的金鼎。

（6）中斑艺　叶面上之线条状叶艺自叶柄至叶端，但未达叶尖，其端尖尚有绀绿爪者。如墨兰中的瑞玉、爱国。

中斑艺最为稳定，堪称最理想的艺性。中斑艺中如夹有若隐若现的丝状长条线艺纹者，即为中斑缟艺。如墨兰中的龙凤呈祥、天女、松鹤图。

（7）中透缟艺　即叶尾有绿帽，叶艺集中在叶柄部位者。如墨兰中的金玉满堂、养老。

（8）中透艺　中透缟艺中，叶主脉透明者，为中透艺。如墨兰中之玉松。中透艺中，如果主脉两侧有“行龙”者，称为松艺，如墨兰中的养老之松、筑紫之松。

（9）云井艺　云井艺，即绿线条由叶尾向下延伸发展之艺性。此艺是绿线条艺。不过其绿艺体要比绿叶之绿色更深。如墨兰中的金凤锦。

此绿丝艺，颇受兰界珍爱。此外尚有黑丝艺、红丝艺等。

**2. 水晶艺**

（1）边缟类　即水晶边、水晶龙。

（2）拟态类　即水晶嘴，包括凤眼等。

（3）斑纹类　即各种斑纹水晶。

（4）综艺类　即两种和两种以上的艺性融于一体的水晶艺。

**3. 图斑艺**

（1）花纹斑　先明后暗的片团状白花斑。

（2）图案斑　以图案斑纹为主体的中级艺。

（3）画纹斑　含有水晶成分的，有一定意境的画纹斑。

## 三、花艺类

**1. 素心组**　包括行花素、色艺素（指具有画龙点睛般之异色点缀）、线艺素、水晶素、图斑素、瓣型素、奇花素、蝶花素、素舌花。

**2. 彩心组**　包括瓣型花、多瓣奇花、少瓣奇花、象形花、重台花、蝶花、奇蝶花、线艺花、水晶花、图画花、秀丽花、艳色花、复色花、行花。

# 第五章　墨兰的鉴赏与应用





墨兰是芬芳高雅的年花。它除了能在新春佳节应期献艳送芳，为团聚的人们增添节日气氛，寓花开富贵，兆瑞呈祥之外，还有六个方面的兰中之最，因而深受海内外人士的珍爱。

## 第一节　墨兰的鉴赏

### 一、赏香

墨兰为我国产的七大类地生根兰花之一。是古今公认的，具有清醇而幽香的兰花。据 1995 年 3 月 15 日《北京晚报》刊载：中国科学院华南植物研究所的专家用气相色谱仪研究兰花的香气，发现墨兰具有 56 种的芳香化学成分。并发现它的蕊柱基部的气孔带是放香的地方，且多于 10 时和 19 时放香。如果气温不低时，凌晨也就开始散发芬芳。

吴应祥先生在其名著中，绘图标明，墨兰的苞片基（即花柄与花莛的连接处）有蜜腺腔，能分泌出花蜜，或称兰膏、兰露。由此可证：墨兰不仅有丰富的芳香，而且有花蜜溢出。

据此，欲品尝香甜可口的兰膏者，可于傍晚，选用干净的新毛笔或脱脂棉签蘸 100～200 倍液普通洗洁精，洗净花莛与花柄之连接处。翌日清晨，可使用饮料吸管，对准蜜滴吮吸，既可一饱口福，又有清心润肺、益脾滋肾、健脑益智、养颜驻容的不凡作用。

早于一百多年前，伟大的生物学家达尔文先生就认为，花蜜是兰花为了引诱昆虫辅助传粉而排除出多余物质。这是有道理的。因为墨兰长于亚热带，气温较高，生理活动快。它那硕大的假鳞茎，宽阔而厚实的株叶，在光照富足的春、夏、秋三季的营养积累，并熬炼出大量的糖。自然它的花，不仅有芳香，而且香气不少，甚至还有多余，大可从苞片基部的蜜腺排出。因此说，欲尝兰膏者，就要春找蕙兰、冬找墨兰。

墨兰的花香，是属于清香型的。尤其是素心墨兰的花香与素心建兰的花香，几乎无异。有些香墨和叶端有三面利的品种，及奇蝶花的花香，也相当于素心墨兰的香。但秋墨品系中的“秋榜”的香气就稍逊些。

此外，那些一味追求高繁殖力，频频促长，多施氮肥而少施磷钾肥，光照量又过少的，不仅少开花，即使偶尔开花，其花的香气，自然也就较微弱。还有，如果墨兰在花期与花无香的台兰（*Cymbidium pumihum*）等一起陈列，受其花粉的干扰，其香气也可能逐渐减弱。应尽量避之。

墨兰的花期自9月至翌年3月，长达半年余。墨兰的花期，适逢气温较低，光照也较弱，它的生理活动也较缓慢，故有莛花长达2个月余。尚且，盆兰又常这莛群花竞艳，招朋引蝶，那莛含情脉脉、巧梳妆；此莛刚崭露头角，披华发。这样一盆生长茂盛之墨兰，花期可长达3个多月。如果把它移进室内陈列，它的盆花期还可能更长些。

人逢佳节倍思亲。春节来临，一年辛勤拼搏的人们，谁都想争取回家团圆。在家的每一个人，谁不想把家园装扮得喜气洋洋，迎接久盼的亲人返家园，高雅的香化年花墨兰，当然是你的首选！那宛如少女的娥眉，恰似明媚的新月之翠彩环，迎风起舞，好比一个个富裕了的人们，兴高采烈地载歌载舞迎嘉宾；那笑容可掬的人格化香花，好似张张热情的笑脸，彬彬有礼地向嘉宾拜年！恭祝日日吉祥如意，时时生活甜美！当你殷勤地为亲朋好友，捧香茶、献美酒时，那打扮得花枝招展的拜岁兰，又礼貌地伴随着轻音乐，在欢歌曼舞，在为欢聚的亲朋喝彩助兴的同时，又频频敬献阵阵幽香，在香化你的环境，恭祝大家永远健康！

## 二、看色

**1. 花色的欣赏** 墨兰之花，色淡紫红，或淡紫褐色，其间披挂深紫红条纹。为它类地生根兰少有之佳色。它象征红得发紫，饱含呈祥兆瑞之寓意。

墨兰的花色并不单调，决不仅仅是紫红色，还有那红艳艳、金灿灿、白皑皑、绿茵茵、蓝晶晶、黑油油的素色花；又有或纵或横异彩相嵌的秀雅花；更有片片各呈异彩、交相辉映的绮丽花。真是五彩纷呈、斑斓绚丽，胜似瑶池秀色，令人赞叹不已。

那以绮艳蝶、牛角红、三峰蝶为代表的鲜红花，红彤彤，寄寓旺盛、热烈，象征吉利、胜利；那以玉妃、桃姬、红双玉为代表的水红花，如少女的倩容，楚楚动人，令人止足瞩目；那以黄莺、小鹦鹉、金王星为代表的金黄花，金辉荧射，象征荣华富贵，寄寓飞黄腾达；那以白彩仙、如玉、仙殿白墨为代表的白彩花，雪白似玉，象征纯洁无瑕，寄寓前途光明；以绿云、绿英、分莛素、绿宝为代表的绿色花，翠绿欲滴，充满绿意，寄寓生机永存；以银灰燕、鳗鱼尾、紫荷之王为代表的紫色花，富丽浓重，寄寓显达而谦恭；以蓝宝石为代表的蓝色花，蓝晶晶，恰似蔚蓝的晴空象征天地浩瀚，寄寓前程无量；以黑包公、黑鹩哥、黑脸为代表的黑花，文静庄重，寄寓明辨是非、公私分明的文明风格。还有以福禄寿、文山佳龙、文山奇蝶、复色捧蝶、宝岛奇、紫翠花、瑶池一品、国香牡丹、神州奇、岭南国香、宝山奇等复色绮丽花，堪为囊括了天上人间之秀色，浓缩了兰花之秀美，饱含着大自然的可爱，寄寓生活之甜美，前程之锦绣。

**2. 叶色的观赏** 俗话说，三分美，七分装。这说明装饰的重要性。同样，花朵之秀雅，自然也离不开叶片的衬托。虽然自然界里的植物，难能满足人的审美意愿，但兰花这种高雅的植物，却有独到之处。尤其是叶幅居兰中之首的墨兰，由于它的叶面宽阔而亮绿，更易起到烘云托月的作用。如青黄叶披挂浓绿条纹，就更好把鲜红花衬托得更加富丽堂皇；浓绿叶泛不规则的金黄边、段条纹，既增强了绿叶的立体感，又更好地衬托了花的倩容；那些黑色、蓝色的叶片和不规则泛黑晕、蓝晕的叶片，既显得更加庄重，又能把正格瓣型花衬托得更加端庄而富有内涵。

通常，墨兰的叶色，多以浓绿油亮为主，但也有依品种和生态条件之异而有淡绿、青绿、灰绿、黄绿、白绿，甚至有金黄叶、银白叶、红叶和黑叶、蓝叶之别，再加上那些千姿万态，五颜六色的线艺、水晶艺、图画斑艺，真是美妙绝伦！

**3. 艺色的欣赏**　墨兰之艺色格外丰富；那金灿灿的金黄艺色，给人温馨感，让人充满了生存的希望，感悟生活的美好；那银光闪烁的银白艺，给人质朴而柔和的光彩，让人联想到生命的曙光、前进的闪光点，还能寄寓财源滚滚、频频自至的期望；那红彤彤的红线艺，象征丰硕的拼搏成果，寄寓鸿运亨通、吉祥如意；那格外浓绿的绿丝艺，是绿色的精华，是生命线的象征，深受兰界所珍爱；那紫褐色的黑色艺，犹如画龙点睛，大有淳朴、浑厚、庄重的美感……种种艺色，好比魔术般地显现，让人领略天然秀色的艺术魅力，增添了生活的无穷乐趣。

## 三、观形

墨兰的形态特征与其他地生兰，同中有异，堪为出类拔萃。它的根形、茎形、甲形、柄环形、叶形、艺形、花形，几乎件件都是不凡的天然艺术品。

**1. 赏根**　在采用气培、水培和透明盆无土栽培时，根群的多种形态，便可历历在目。那晶莹玉润的丛根，犹似百岁老翁之银须，能给人长寿的条件反射而增进健康；那人参状根、鹿角状根、竹鞭根、葫芦根、三角根，无疑是件优美的天然艺术品，既能给人以美的感受，又能引发人的想象，激发人萌生美好的欲望而充实了生活内容。可见，这根形的艺术魅力，也足以令人心旷神怡。

**2. 赏甲**（叶鞘）　墨兰的叶甲，形态也多种多样。那同侧的连峰甲，被称为连理甲、姐妹甲、兄弟甲，足以令人勾起情思；那甲缘薄如蝉翅的外斜长甲，让人联想到“飞”，给人以把握机遇、捕捉战机、争取新的飞跃的启迪；那充满曲线美的奇态甲，犹如古化石中龙的形象，大有呈祥兆瑞的寓意；那朝叶心兜扣的兜卷甲，洋溢着团结，启迪人们珍惜拥有。

**3. 赏茎**　墨兰之假鳞茎，虽以球圆、椭圆为主，但也不乏丰富，橄榄形、冬笋形、葫芦形、竹节形等，形态惟妙惟肖。这形态各异的圆形艺术品，无不让人得到美的享受。

**4. 赏叶柄**　矮种墨兰的叶柄较短，常如瓷器汤匙的匙柄与匙体连接处那样别致。有的柄体甚短，好像叶片就直接长在假鳞茎之上，好比婴儿紧紧地依偎在母亲的身旁。

兰花的叶柄与叶片的交界处，有个线圈状的晶亮浮凸体，好比小姐之手饰。而墨兰中的某些品种，不是全无此叶柄环，就是有套叠环。无指环，着实特别，它好像没有拘束，较容易异化，而常开出品位很高的奇花来。那些呈不规则的多环套叠者，好像是受到难以名状的约束。这不仅是叶柄上的一种别致的装饰，而且在花朵上，是多种异化的花前特征之一。

**5. 赏叶形**　墨兰的叶形，不仅仅是剑形，而常有鲫鱼形、葫芦形、褶卷形、瓢形等，还有长尖叶端、顺尖叶端、燕尾叶端、圆嘴叶端、山形嘴叶端、海豚嘴叶端、锁匙状叶端、鹰嘴叶端、扭嘴叶端、倒勾叶端，真是多姿多态。每一种象形，既是一幅画，也是一首诗。

上述如此之多的叶形，它所占据空间的情态，自然也是多种多样的。剑形叶，多矗立或斜立。它那种刚劲洒脱的姿态，展现在您的面前，就会使您情不自禁地展开想像的翅膀，油生拼搏进取的信心；鲫鱼形叶，必呈扭态，它既像浪漫的翩翩舞姿，也似飘荡于江河湖海上的船舶。

看叶形、品叶态，好比赏画卷、品诗意，让您体味到人生的无穷乐趣！

**6. 赏花形** 墨兰的花形，千姿万态，各有各的风采，聊举端倪以共赏：

①重台花 被誉为“中国第一奇花”、“兰中之皇后”的“神州奇”，由于它的合蕊柱高度拔节、裂变，而能有花上花、又再花的三重台花之奇观。还有花常呈半开状，犹似新浴初罢、身披薄纱之倩女，那含情而不露的情态，着实令人着迷。

墨兰五大奇花之一的大顿麒麟等，也有花上花之美妙。

②母子花 在同一花莛上的每支花柄与花莛的连接处之下侧，同时结有一个小花蕾，次第而开花。这是母爱的画卷，生命延续的赞歌！

③伞状花 被命名为“九州彩球”的广西产之莛顶轮生多朵彩花的奇观，着实别致可爱。它离宗别谱地一改总状花序而为伞状花序，好比群星璀璨，寄寓团结，风韵非凡！

④塔形花 已正式登录的、原产于福建的“佛手”，花莛挺拔，一改总状花序为轮生花序，节节轮生 3～8 朵花，构成了塔形轮生花。这一古今奇观，不仅丰富了兰花花序的内容，也丰富了兰韵，勾起观者关于塔的联想。

⑤行花 行花，即无任何异化之普通香花。它们的瓣形，可有长短，宽窄之别；着生姿态也略有差异；花色多种多样，既有素心花，也有彩心花，应有尽有。朵朵洋溢着高雅的神韵、散发着迷人的芬芳，历代的诗画都以此行花为题材，凡是有缘遇上它的，都把它当作第二伴侣而精养。

正是这许许多多的行花，一代代地繁衍、孕育了当今极少数的，出类拔萃的稀世奇花！可以说，行花是奇花之祖！

## 四、品韵

韵者，含蓄而不显露之意味也。

兰之韵，既蕴藏于它的形态特征之中，也隐含于它的生长习性和生态条件之中。只要真爱它，就可从其形与姿，色与香，领略其外在之美，还可从其生长习性和生态条件，洞察其内在之秀。然后再依其美和秀，联想到我中华民族的精神美德，其高雅之韵味，自然就在你的脑际浮现。

墨兰既为七大类国产地生兰之一，无疑固有国兰顽强生息、乐于奉献，善于自律，和睦相处，不求索取、洁身自好，乐于群生、团结奋进，常绿战寒暑、刚柔寓大度，素雅人格化、含情而理智的共性。

此外，墨兰还有其独自的雅韵：

**1. 形态庄重稳健** 每当我们见到墨兰那根粗茎大、叶阔浑厚的雄姿，似乎就可领略到它的庄重稳健。它好像在默默地忠告人们：为人处世，要力求稳中求进。

**2. 理智进取，超越自我** 墨兰虽有可贵的自身优势，可赢得人们的欢心，但它并没有盲目乐观，而是根据生理活动中反馈到的信息，理智地意识到：环境条件在变，绝不能安于现状，而要充分发挥自身的本能，充分地利用所拥有的条件，默默地塑造自我，包装自我，改变自我。因此，它能在兰中有那么多的第一，又有那么多的高品位的线艺兰、水晶艺兰、图画斑艺兰，和全方位异化的奇花兰。

**3. 善解人意，迎春而开** 墨兰的原变种与彩边墨等多数品种，多能恰于新年佳节和元宵期间献艳送芳，为人们增添节日气氛，呈祥兆瑞！

这种善解人意、花遂人愿、适时而开的特性，确实令人青睐。此外，还有不少品种的莛花朵数，恰好为吉祥幸运数，更令人珍爱。如“十八娇梅”意寓来年多发特发；“八宝”，意寓八宝献瑞；“六合奇蝶”意寓六六大顺；莛花五朵之“玉妃”、“玉凤”、“玉兰”，意寓五福临门；“双美人”意寓洪福双至。还有一些墨兰的品名，也具祥瑞之寓意。如：“五福临门”、“金玉满堂”、“富贵”、“状元红”、“玉如意”、“五彩飞龙”、“金王星”等佳名之兰，也深受人们喜爱，成为年花市场的抢手货。

## 第二节 墨兰的应用

### 一、增进节日气氛

株伟、叶秀、花丽、味芳的墨兰，俗称为“报岁兰”、“拜岁兰”。在普天同庆的佳节，能有如此宏伟、华丽、芬芳的盆兰，为您烘托节日气氛、兆寓祥瑞，又可净化烟酒味，香化美化居室环境，够气派啦！不用说，是那高档的叶艺兰。就是普普通通的一盆报岁兰，也堪为上乘的年花！

### 二、美化香化环境

墨兰叶片阔大，株形宏伟，叶色油绿，十分壮观，实为房角、厅面、门旁、廊道，绿化、美化、香化的好素材。如果选取那千姿百态的奇叶矮兰、金银闪烁的线艺兰、晶莹剔透的水晶艺兰、如诗似画的图斑艺兰，陈列于厅堂茶几、案头妆台，实在可为你增添了一件情趣非凡的艺术品。既能使你的小天地生机盎然、空气清新，又能使你和嘉宾大饱眼福、鼻福，也为你的华屋呈祥兆瑞、蓬荜增辉！

### 三、有益健康

**1. 多彩光波的保健作用** 墨兰的叶艺量最大，色彩也格外丰富，不仅有大量的金色艺、银色艺，还有绿色艺、红色艺、蓝色艺、黑色艺。其艺型也是多姿多态，尤其是那胜似丹青妙手之杰作的图画斑艺兰，处处充满多彩的曲线美。种种的艺形，多彩的艺色，时时闪烁出环形多彩光波，给人的视觉、交感神经以轻音乐般的适频按摩，诱导人体进行节律性运气，从而收到代谢顺畅，功能协调、神清气爽、耳目敏锐、思维聪慧之美妙作用。

**2. 芬芳花味的保健作用** 随着时代的推进、经济的发展，人际间的交往，日益频繁。尤其春节、元宵节期间，近亲远邻、同仁挚友、频频而至。客厅烟雾缭绕；厨房餐厅酒菜气味弥漫，使人颇感空气憋闷。墨兰的花香，便为您排忧解难。

**3. 甜美兰膏的保健作用** 墨兰在含苞待放时，花柄与花莛的连接处外侧，便可分泌出香甜可口的兰膏来。它不仅味道鲜美，香甜如蜜，而且具有生津养胃、润肺清心、滋肾养颜等保健作用。

**4. 干鲜花根的祛病作用** 据《纲目拾遗》中称，“色黑者名墨兰，治青盲眼。（视力减退、视物模糊）最效”；《分类草药性》一书称，“墨兰花治明目”；《泉州本草》一书称，“墨兰花治久嗽”；《新疗法与中草药选编》一书中称，“墨兰花、根，清肺除热，消痰治咳”。

笔者也爱好医学，曾应邀到医院会诊儿童百日咳病，用素心建兰根或素心墨兰根30厘米长，炖冰糖服用，疗效十分显著。对肺阴虚久咳，也有很好的疗效。

**5. 调整心态增益健康** 如果你养兰了，自然就会把兰当成第二伴侣而珍爱。每当你下班回家，必定会争取时间步入兰园，去关心一下第二伴侣。花期，有千姿百态，五彩缤纷的花朵对你微笑，又有沁人肺腑的芳香，让你心清气爽，大可缓解你一天紧绷的心弦。就是非花期，那多姿多彩的秀叶，也大可慰藉你的疲劳，尤其是那巧夺天工的图画斑艺兰，那阔大的绿叶上，一幅幅山水、田园画卷，令你神往，让你心宽。

这样，在下班时，关照兰，赏兰，改变思维内容，变更劳动方式，一张一弛，缓解了紧张，调整了心态，是一种比卧床休息更有益的休息。

## 四、扩大创收门路

墨兰是活的高雅艺术品。自明清起，墨兰就成了名贵的商品之一。珍品价值千金，有籍可查。自20世纪80年代，就由分散栽种、零星交易，发展为规模化种植、市场交易、出口创汇，成为颇具魅力的“绿色股票。”以广东顺德兰市为龙头，带动了南方各地，掀起了种养墨兰的高潮。与此同时，也催化了与之相关的用具、机械、植料、肥料、农药、保鲜、包装、运输、科研、切花、香料、饮料、医药、菜肴、摄影、出版、展览、旅游等产业的起动与发展，取得了一定的经济效益。

近几年来，由于海外病毒兰流入，使墨兰大失竞争力，再加上经营管理不善，导致发展相对滞后。建议农林部门和扶贫办多重视对墨兰的开发利用，城建、外贸、旅游、农机、农药、食品、餐饮、医药等部门也热情参与。要调查资源，创建种植基地，合理开拓远山资源；加强科研、科学育种；生产盆栽年花、鲜切花、兰花盆景；开展兰花糕点、酒茶、饮料、菜肴、医药的深加工；开发兰花旅游景点、沟通销售渠道；加强兰文化、新闻、出版的建设，以支撑相关产业的腾飞。

# 第六章 墨兰的生物学特性

## 第一节 墨兰的物候期

墨兰在野生和粗养条件下，2月下旬至4月中旬，相继萌发叶芽。至于自然气温较高的基本无冬寒地区、温室管理的、密闭冷室管理的，及秋花品种，其萌发叶芽的时间，将会相应提前15～40天。当叶芽伸出基质面2～5厘米高后，便有个20余天的滞长生根期。此期，其母株锐减了对新芽的供给，转入花原基的分化期。当叶芽长出根，约2厘米长时，它便有了半自给的能力，进入伸长和展叶。经过3个月左右的生长发育，新株基本发育成熟，约于当年的9月，新株与部分生长条件好的母株，将会萌发秋芽。

秋花品种，7月起，花芽相继伸出盆面，当其发育成“小排铃”时，便有近20天许的滞育休眠期。之后，继续发育，于9月相继开花。

年花（冬花）品种，在11月中旬至12月上旬，秋芽的发育，已接近成熟，陆续进入休眠期。其母株所孕育成的花芽，便相继伸出基质面，经过月余的发育，便进入近月的休眠，之后又继续发育，于春节前后，相继献艳送芳。

花一旦授粉，先见合蕊柱（包括药帽）日益膨大，继而子房（即花柄）也日益膨大，形成了兰花果。约经一年许的发育，果色由浓绿转黄绿，便是果实发育成熟。在一个月内，应安排采摘、播种。

如果没计划运用种子繁殖的，当花朵将谢时，应及时剪除花莛，以免继续消耗营养。

## 第二节 墨兰的生长习性与生态需求

### 一、喜阴而忌强光

多次深入盛产墨兰的山野，选采种苗时，发现它多原生于浓荫处，从没发现它，能像建兰那样，可原生于光照充足的林缘峭壁之上。说明墨兰是典型的阴性植物。

从华南师范大学国兰研究中心与新加坡国立大学植物系的实验发现：墨兰光合作用的光补偿点，约为春季晨光之半。其光的饱和点约为夏季中午光强的10%～15%。这进一步证实，墨兰是喜阴性的。

从多处考察发现，仅是半遮荫的墨兰，叶片苍黄老化，丛株发芽率比较强遮荫的低1.5倍，但它的花却更香。

从多种遮荫密度对比观察，以冬季和春季60%～70%遮荫、夏秋85%～90%遮荫的最为适宜。

## 二、喜偏干而忌水渍

墨兰根粗而长，假鳞茎明显而硕大，水分和养料的贮藏量较大。叶表皮有较厚的角质层和蜡质，上表皮也无气孔，下表皮气孔密度仅约为120毫米$^2$。保卫细胞稍下陷，上有气孔，其气孔口，有气孔盖覆盖。这样的叶片结构，蒸腾速率较低，所以较耐旱。

在久旱天，上山选采兰苗时发现，荫被遭破坏处的原生墨兰苗，株叶已现严重萎蔫，根系也干瘪，但不久，雨后再度上山路过时，发现，虽叶片干枯萎蔫，无法恢复，但其假鳞茎仍然新鲜，表皮不见褶皱，说明仍有发芽能力。这也说明了墨兰具有相当的耐旱力。

不少人，以为墨兰，叶幅阔，蒸腾面大，需水量比其他类兰多，而缩短了浇水周期，或没设置遮挡雨水设施。结果水渍而烂根，抗逆性下降，病害蜂起，损失惨重。这是不了解其株叶的生理结构，仅从表象，想当然而为之所致。

## 三、喜温暖而忌严寒

墨兰原生于亚热带，具有喜温暖、凉爽，而忌低温、严寒的生长习性。

墨兰生长期，温度分别调控于20℃、25℃、30℃、35℃四级管理，实验对比发现：以25℃时的发芽、长势、开花和香气最佳，20℃和30℃的次之，35℃的最差。这说明，墨兰的生长适温为25～28℃。

墨兰的休眠期，白天以12～15℃，夜间以8～12℃为最适宜。实验对比发现：白天气温低于8℃以下，夜间低于3℃以下，其花期推迟半月以上，翌春发叶芽，推迟月许。至于尚未完全发育成熟的秋梢，翌春迟迟不发育，要到夏末，才有日见生机。但多数不萌发新芽，仅有个别可在仲秋萌发弱小芽。

凡在冷室里越冬的和在简易荫棚里越冬的，棚室温度偶有短暂性低于2℃的，其嫩株和老老株，多遭不同程度的冻害。低于－2℃的，几乎全遭冻害，甚至连假鳞茎也被冻烂。偶有残存的，翌年的长势甚差，发芽时间大大推迟，甚至不能发芽，要历经两年以上的精心培育，方能进入正常生长。

## 四、喜适湿而忌高燥

墨兰原产于雨水充沛的南方林野里，且离溪河、沟泉又甚近，雾露萦绕，空气湿度很高。晴天午后，虽不见叶面有小水珠，但用面巾纸擦拭一两片叶后，纸便有受潮的现象。这说明，墨兰的原生生态条件，养成了它喜较高的空气湿度。笔者曾把一盆经培育，长旺了新根的下山墨兰，陈列于仅有局部遮荫挡雨的阳台上管理；另一盆陈列在有同样的遮荫挡雨，台面增设水面，盆面加盖湿水草保湿管理。短短的一个月就发现，有增湿的长势明显优于没增湿的。由此可见，墨兰虽然光合速率与叶片蒸腾率相对较低，但它的叶幅阔于其他地生兰1～5倍，其作用面大，仍然是需要较高的空气湿度的。实验对比发现：墨兰生长期需要有70%～80%的空气湿度；冬眠期需要有50%～60%的空气湿度。线艺兰高些，非线艺兰低些。

北方冬春十分寒冷，干风猛刮，空气湿度甚低。在墨兰营养生长之夏秋，气候比南方更热，又甚少下雨，空气湿度同样是很低。要养好墨兰，最好是把兰盆置于水面之上，盆面和盆缘，铺挂湿水草，以保证有较高的空气湿度。

### 五、喜通风而忌憋气

世间任何生物都要呼吸，都需要通风透气的环境。兰花为肉质根，叶片丛生且交互遮掩，似乎更需要通风透气，而墨兰叶幅特阔，交互遮掩度更大，更需要通风透气。养兰的实践告诉我们：兰花这个喜气性的观赏植物，如果通风透气不良，兰室空气憋闷，叶片失神，寿命缩短，发芽率、开花率都明显降低，病虫害也多。

### 六、喜肥而忌浊

墨兰在野生时，靠叶片吸收空气中的氮和二氧化碳，靠根吸收土壤中微量的营养元素以及雨水冲刷来的枯枝落叶腐殖肥养分，生长得很不错。因此说，栽培它，新的培养土基本可以维持两三年生长的需要。如果是在基质已有拌入适量的基肥的，一般无需再施肥。但是为了追求生长速率，适当施些淡薄肥也是可行的，不过浓度要低，间隔时间也要较长些。一般以0.1%～0.2%的浓度为宜。没下基肥的，每隔两周施一次肥较恰当；已下基肥的，每月施一次就够了。千万别以为墨兰株大叶阔，需肥量大而比其他兰浓施多施。

值得探讨的是，墨兰对肥料三要素需求量的比例问题。据科研部门测定：墨兰的叶片与假鳞茎均含有大量的磷，其老根又有甚强的吸收磷的能力。这一方面说明，墨兰的生长不仅离不开磷元素，而且利用量也不小；另方面也提示，它的株体已积存有一定量的磷元素，无需大量补充，有维持量的补给就够了。如果盲目地加大磷素的比例，它的根系吸收磷的功能又甚强，将导致磷素过丰，反而影响积累与消耗的相对平衡而影响生长。

另外，墨兰的株粗叶阔，对氮的需要量较大，而它的叶片又不善固氮，空气中的二氧化碳含量又低。因此它对氮的需求量比磷要大。再者就是它的叶幅阔，如无较多的钾素，则株叶的木质素与纤维素形成变慢，株叶变得萎软而难以支撑。同时也会影响株体多种酶的活性，从而影响营养元素的合理利用和光合作用强度。因此说，墨兰对钾素的需求量比氮大。综合起来看，施用于墨兰的肥料三要素比例，以3.5份氮、2.5份磷、4.0份钾比较适宜。

# 第七章 墨兰的栽植

栽植是养护的基础。这个基础打得好与坏，关系到培养的成功与失败。该如何打好这个基础呢？现依墨兰的需求，讨论如下：

## 第一节 兰场的构设

很多成功的养兰者都一致认为：养好兰花的第一个条件是“未引良种，先建兰房”。因为兰房（养兰场所）是兰花栖身之所。而这个栖身之所，能否基本满足其生息发展之需，关系到培养的成功与失败。因此，依墨兰喜温暖而凉爽、忌酷热和严寒的生长习性，来构设好兰房，甚为重要。

能找块坐北朝南、偏东15°～20°，西北向又有林荫之宝地来建兰房，最为理想。而实际上，发展了的城乡，高层建筑林立，各种产业设施紧挨布设，除了偏远的山村外，已甚难找到如此理想之宝地。因而只好因陋就简、因地制宜地适当改造，使其成为基本适合墨兰栖身之地。现把兰场的构设，分类叙述如下：

### 一、依培育目的选场所

**1. 观赏性养植** 观赏性养殖可以随时移动盆位，尽可灵活机动。值得一提的是，盆兰不宜长期陈列于空气少对流、光照全无、烟酒味萦绕、电磁常辐射的室内。一般是每隔十日对调陈列，或于双休日移出室外，承受散射光照、沐浴清风晨露，以重振生机。

**2. 展销性养植** 此为通过展示来促进销售。宜选择环境优雅、交通方便的场地，建造兰场。要求兰场通道宽敞，两端有足够的回旋余地。最好有招待、服务设施。要求把环境布置得充满兰文化的气息，要热情交流养兰技艺。

**3. 以兰养兰的小生产性养植** 此类养兰，是以怡情养性为主，为求适量发展而有所交流性的让售，它介于观赏性养兰与展销性养兰之间。因其数量少，品种精，多可充分利用现有的庭院边角地或阳窗台，就地营造兰场。尽可因陋就简，逐步提高兰室档次。

**4. 生产性栽培** 生产性栽培的，品种繁，档次多，数量大，要在增殖率、进化率、合格率上求效益。既应选择远离污染源、光照充足、空气流通的坐北朝南的地盘，又应选择交通便利、靠近种苗源或生产资料源的地方。

养兰场所，以“先备马，后上鞍”为好。有条件的，自然是越现代化越好。因为设施先进虽然耗资大，但管理省事，效益高，受益期长；简易冷室、棚室和圃地荫棚，虽耗资少，但污染大，管理费事，增殖率较低，成品合格率也低，常要添置、更换设施，特别是保温力低，兰苗越冬不保险。阳窗台养兰的，首先要考虑的是光照、温度、湿度、风雨的调控。最好是多参观构设合理的，尽可能先改装好。因陋就简的，多不适用。反复多次更新改建，不仅费事，而且耗资也不比一次建好的少。相反的，效益却比一次性建好的差。



## 二、依场地实际构设兰场

**1. 阳窗台改造**

①纯观赏性莳养的　只是把阳窗台作为室内陈列的轮换回旋余地。如果一时不便按标准要求设置好，尽可因陋就简。即上拉遮阳网，下设水面或铺沙淋水。把盆兰置于遮阳网下，保湿层之上，沐浴阳光、雨露、清风，便可长好。一旦有绵暴雨、超高温、狂台风、严酷冻，只那么几盆，很快就可移入室内。

②小生产性莳养的　相对盆数多，又必须讲求效益。应该有个固定的设施。

最简单的，也是最经济的，就是用竹片或钢筋铁丝搭成半圆形拱架，雨来，随时用塑料薄膜覆盖，架顶拉起遮阳网，台板上铺上保湿物便可。如遇上气候变化，要有应急措施。



最好的是，以镀锌管或铝合金钢为支架，顶用透明的 PC 浪板盖顶挡雨，上拉活动式遮阳网，四周也用 PC 浪板密封，开启门窗；用小号镀锌管搭设兰架，架下增设保湿层，架顶安装加湿器、电扇、升温器等，能加设电脑自动调控装置，就更为理想。

**2. 房室构设**　居住于高层建筑里的人，即使有阳窗台可以养兰，其空间也是十分有限的。要想多养些兰，自然是从房、厅打主意。房厅养兰，首先要考虑的就是光照和通自然风。如有地方架设反光板，把自然光照从窗口反射进来就更好；若无，只能采取灯光补照。有专用的植物培养灯就更好；若无，可在每 10 米$^2$ 的空间，兰架上 2 米处，悬一支 40 伏的日光灯，其两端各挂一支 3 伏的红色荧光灯，从凌晨至傍晚照射，以给模拟光照。

模拟光照当然不如自然光照好，有可能的话，可与阳窗台的盆兰，每月交换陈列，长势就会比较好。

**3. 畦地棚架的构设**

①简易的棚架　多采用竹木结构。每 5 米宽为一棚（4 条通道 2 米宽，每畦 1 米，共三畦），以木柱为支架，以竹片为拱架，上盖长寿无滴塑料薄膜以遮雨，其上拉起遮阳网。

②精致的棚架　多采用镀锌管或铝合金为支架，透明 PC 浪板遮雨，其上安上活动式遮阳网。内有通风、加湿设备。

③连体大棚　所不同的是，棚顶呈半圆形的连弧浪状，棚内是一大片兰场。此种连体大棚，有利控温调湿，便于施肥和其他操作，也比较壮观。

**4. 露天兰场的构设**　在 2 米高处，平拉遮阳网，场地上，按畦架设低矮拱架，有雨随时遮盖塑料薄膜，无雨时敞开受阳承露。

此种兰场，虽管理费事，但兰苗长势格外茁壮，进化率格外高，增殖率、开花率也高，花也更香。是生产鲜切花的好方式之一。

如果培养基质结构格外粗糙，疏水透气性能良好，也可以完全不遮雨，但要注意防冻和雨后抢喷杀菌剂。

**5. 冷室** 冷室多为砖木结构。四周垒砖，开有约1/4墙面积之玻璃门窗。室顶用长寿无滴塑料薄膜或透明PC浪板盖顶挡雨，其顶拉上遮阳网。室内有通风、增湿设施。

**6. 高级温室** 多以镀锌管、不锈钢、铝合金为支架，铝合金门窗，四周和室顶全部安上玻璃或PC浪板，安上活动式遮阳网，通风、增湿、升降温全部电脑控制。

温室里生长的兰苗，病虫害少，合格率高，增殖率也高，但抗逆性较弱；简易兰场生产的兰苗，病虫害较多，完整无损的苗较少，但苗质壮实，抗逆性强，进化率高，开花多，花味浓香。

## 第二节　植料的选配

兰花在野生时的基质是多种多样的，有色泽、质地结构各异的土壤，也有不少朽枝落叶，还有众多纵横交错的树草根，甚至还夹杂着一些小碎石。这样多种混合的基质，具有良好的疏水透气、保湿的物理性能，又有酸碱度适中、营养丰富的滋养作用。兰界古人，正是从兰花野生基质中总结出，兰花培养基质的具体要求的。近代人，发现了传统的兰花基质，结构还太细、疏水透气性能尚不够强，常因干湿度掌握不好而烂根，也常因基质消毒不够，夹带菌虫，给兰花的生长带来隐患。鉴于此，采取了在腐殖土中混入干树枝、树根、松针等植物植料，也混入碎石子、泡沫塑料筋等，以增加其疏水透气性能。同时又采取了，日光暴晒、蒸汽、药剂杀灭菌虫，以防微杜渐。随着科学的发展，又推出了有机、无机粗植料混合栽培、全无土栽培、水培和气培。

不过，由于传统习惯的影响，经济条件的限制，有土栽培兰花仍然相当普遍，故依兰花的生态需求，概括出培养土必须具备如下性能：

①结构粗糙，具有良好的疏水透气性能。

②土质偏酸，pH5.5～6.5之间，无废水废气污染，无菌虫病毒寄生或潜伏。

③有一定的保暖性能。

④含有一定的大量元素、微量元素和矿质元素。

以上四条要求，最主要的是前两条。但要找到符合第一、二两条的天然基质，也不容易。因此，只好采取人工合成。

### 一、植料的种类

兰花植料，可分为无机植料和有机植料两大类：

**1. 无机植料** 无机植料一般无污染、较卫生，不板结，疏水透气性能甚强，但也有营养少、保水保肥保温性能低下、质重、兰根伸展不舒畅等不足。

①沙石类　火山石、风化石、高磷石、海浮石、蛭石、珊瑚岩、珍珠岩、粗河沙、

河滩上，色泽灰白，表面粗糙，相互摩擦便有粉末掉下的结构疏松的小石子等。

②火煅类　空心陶粒、砖瓦碎、陶瓷窑土粒等。

③塑料类　发泡塑料碎块（即电器、仪表、易碎品之白色防震包装物），发泡塑料筋（即防挤压的水果包装网套袋）。

在无机植料中，除了泡沫塑料类，沙石类中的珊瑚岩、珍珠岩，火煅类中的空心陶粒，是质轻、易让柔嫩兰根伸展之外，其余的，多为质重或有锋利之边角，易阻碍兰根伸展，起苗时易伤及嫩根。实践证明，质重的与质轻的，近半混合，便可扬长避短。

一般说，无机植料相对无夹带菌虫、病毒，但在原生地、采集、加工、运输、贮存等过程中，也未免会遭受不同程度的污染。为了加大保险系数，起码要经洁水冲洗、洗洁精稀释液浸泡、再冲洗后，再经强光暴晒，就比较安全。凡使用过的无机植料，一定要经冲洗、蒸汽高温消毒，最少也要选用真菌、细菌并杀的广谱高效杀菌剂、广谱杀虫剂、高效抗病毒剂稀释液浸泡 2 小时，捞出洗净，才比较安全。

**2. 有机植料**

①树木类

腐朽树皮：以夹杂于天然颗粒泥炭土，或经埋藏多年致朽的树皮碎块为最佳。深山老林间，千年老树掉下的腐朽树皮，也还可用。它既可有效地改善培养土的物理性状，又可为兰株提供些许的有机磷等营养物质。

嫩树枝：即把新鲜的嫩树枝，剪成寸许长后使用。它不仅可以改善培养土的物理性状，还可为兰株提供大量的绿肥和有机磷。不过有夹带菌虫和在水肥、气温的作用下腐烂，会散发热量和招引菌虫害，混合量宜少。

木工刨花：指木工刨床、凿孔机在加工木材时剩下的、指甲粗的木屑。

锯末：即锯木材时所溅出的米碎样废料。锯末保水性过强，混合量以不超过 1/10 为宜。

②茎叶类

蛇木屑：为蕨类植物的茎和根。它如方便面条粗，质硬，色褐，不易腐烂。不论是有土植料还是无土植料，都使用它。是最优良的有机植料。其中有一种色黄而更细的，常夹带葡萄球菌，使用前应加以消毒。

水苔：也称水草，是苔藓植物。它有软茎，也有绒状叶，质松软，保水性能甚强。为专用的根群保湿物。既可混入无土植料和土类植料中，也可单独为基质。新鲜的水苔，可在盆里继续生长，争夺肥料；干品保水性甚强，单独使用时应注意控制浇水量。水苔，主要用于无土植料之盆面保湿之用。无土植料可混入 3/10，土类植料的混入量不宜超过 1/10。

干松叶：它的形态和作用近似蛇木。它也不易腐烂，堪为优良的有机植料。把它剪成寸许长，混入有土或无土植料中 20%～30%量，不仅能提高植料的疏水透气性能，又能提供少量的绿肥。

禾本科作物的根、茎、叶：如茭白、高粱、玉米的秸秆或棒；稻草、小麦、小米等的根、茎、叶，切成 1～2 厘米长，均可作为有机植料。

③种子壳

椰糠：即椰子壳、棕片渣经粉碎而成短丝状、沙粒状物。此类植料，保水力甚强，混合量以体积比的 1/20 为宜。

谷皮、豆荚、花生壳、龙眼壳、荔枝壳、莲子盘、葵花子盘、瓜子壳、麦糠、桐子壳、茶子壳、棉子壳等。此类种子壳，应用洁水浸泡、清洗。以去掉糖、盐、淀粉等成分后，置于水泥地板上，用塑料薄膜覆盖密封，让阳光暴晒、发酵半月，再用洁水浸泡洗净晒干收藏备用。最好经蒸汽或药剂消毒，则更安全。

④废渣料

食用菌废植料：最好要经消毒后使用。它的保水力甚强，混入量以体积比之 1/20 为宜。

山苍子渣：为提炼香精油之种子植物渣。

中药渣。

甘蔗渣：要经浸泡去糖处理。

⑤炭类

芦苇草炭：为能开芦花的植物茎叶。烟草茎秆、高粱玉米茎秆、豆科植物茎叶等烧焦即洒水熄火，阻止其化灰，使其保持条状炭。此类炭，不仅能改善基质的物理性能，还能调节盆内干湿度，尚且含有植物碱，能调节基质的酸碱度而有效地抑制腐霉菌害（白绢病）的繁衍为害。

软木炭：即把木材作燃料，烧成的火炭及时洒水，以阻止其化灰，所得的为软木炭。至于炭窖烧成的，为硬木炭，虽也可用，但调节干湿度的功能较次。

**3. 土类植料**

①树林腐殖土　为树林之表土，由长期受枯枝落叶腐烂沉积而成，呈褐黑色，质地疏松，富含有机质。但团粒结构较细，常呈粉末状，易板结，疏水透气性能低下，且夹带有菌虫害。

②树洞土　为千年古树，因雷击等外界力作用，而形成洞穴，由枯枝落叶、朽树皮、鸟兽粪、飞尘等沉积腐殖而成。由于树洞多不透水，多为偏碱壤土。不宜单用，如要单用，应调整其酸碱度。

③塘泥　为池塘泥浆晒干而呈块状的泥块。它质地细腻、富含肥分。为广东兰友习用之上乘兰花基质。可是近十年来，由于池塘水质污染严重，又用高淀粉、高糖、高蛋白的饲料饲养鱼，塘泥晒干后易因浇水而松散，失去原有的良好疏水性能；又因含肥分太高，且受污染太重，种植效果已大不如前。如要使用，应配合进其他植料，以扬利避弊。

④天然颗粒腐殖土　此为沉睡地下千年之干燥腐殖土。四川峨眉山十里山首先发现并开发，被命为“荷王”牌仙土。经美国有关部门测定，它含营养元素全面，无夹带菌虫、病毒，无污染，团粒结构好，不易松散，疏水透气性能甚好，酸碱度适中。只要能掌握住“宁湿勿干”的浇水原则，养兰的效果不错。

⑤泥炭土　此为数百上千年前，地壳变动，草木被深埋于沼泽地下腐殖而成。pH 在 5.5 以上，富含腐殖酸，把它晒干、敲细、过筛后，以 5%～8%的体积比拌入基质。

可增加基质的疏松度和肥分。

⑥人造颗粒土　它以天然腐殖土为主要原料，加工成颗粒状，可提高疏水透气性能。

⑦稻根土　含沙量大的稻根土，含有许多水稻根，既疏松，又有一定的肥分，只要配合进近半量的粗植料，养兰的效果不错。

⑧气沙土　此为尚未变成风化岩的，含粗沙量高达50%以上，含有白色、粉红色、黑色、绿色、褐色、黄色团粒，一挖则散的山黄泥。民间称其为“气沙土”或“五色土”。它偏酸，疏松，富含稀土、矿质元素，无污染，无夹带菌虫害，对兰株的生长甚为有利。实验对比发现，它可激活兰株的可变因子，加快出艺变异的进程。但由于它含有一定量的黏腻黄泥而易板结，因此混入量宜控制在30%以内。

⑨沙壤土　河岸沿、沙滩上，富含洪泥浆的沙壤土。它偏酸，疏松，富含矿物质、沙金、锌等金属元素。对兰株可变因子的活跃，有较强的促进作用。以它为主要基质，拌入近半量的粗植料种植，长势良好，出艺率高。

⑩火烧土　它不黏腻，疏水透气性强，但火气大，需要让其反复淋雨或淋水，在室外露天堆放1个月以上。是传统优良的兰花培养土。

兰花虽主产于南方，但也产于江北的部分地区，如陕西的秦岭也产蕙兰。这就说明了，北方少产兰花或不产兰花的主要原因，并非土壤之故，而是因为北方空气干燥，冬春万里冰封，无法自然越冬。南方的兰花种子飘到江北，能落在自然荫被较好的背风处，即使土质偏碱，也会有素质好的种子可发芽生长，不然江北地区哪有野生兰花呢?江北一些地区出产的蕙兰，花味带碱味，也说明了略偏碱的壤土也能种兰花，就是长势不如偏酸土长得好，花味带碱味。如能通过改良，便可扬利避弊。所以说，兰花的培养土，不一定要舍近求远，完全可以就地取材，适当改良。偏酸的，用5%的石灰水淋透，以中和之；偏碱的，可浇施2%过磷酸钙溶液，或100倍液食用米醋，或在土中加入2%的硫磺粉、石膏粉改良之。

## 二、植料的调配

任何一种植料都有利与弊的两面性，为了尽可能扬其利而避其弊，就必须对植料进行有机地组合。

### 1. 无土栽培的植料调配

①全无机植料的调配　通常以沙石类植料50%，火煅类植料25%，塑料类植料25%混合。如不易找到火煅类植料，可以加大其他两类植料的比例。

②有机植料的调配　通常单用茎叶类植料之一的水草为植料，但由于它的保水性太强，可以混入40%的蛇木屑或软木炭、嫩树枝，以增加其疏水性能。混入嫩树枝，还有增加营养的作用。

③有机、无机混合　通常以无机沙石植料60%，加入有机类的嫩树枝、种子壳20%，水草或禾本科茎秆20%。既可增强保水性，又可提供一定的营养成分。

**2. 有土栽培植料的调配**　土类植料中，最为普遍使用的黑色腐殖土。可以说，它是兰花的原生土，十分适合于兰花生长。但由于人工掘挖，失去了原有易排水的斜坡状态，同时又失去了树草根的纵横交错，疏水透气的性能锐减从而易于板结，必须用粗植料加以调配。颗粒土、块状土虽有很强的疏水透气性能，但也有与兰根结合得不够好，保温、保水、保肥性低下等缺点。业余养兰者，常因无暇顾及，无法每日多次浇水而使其偏干太过，导致生长不良。总而言之，土类植料也各有利弊，必须有机地组合调配，才能适应兰花的生长。

①增粗配方　叶艺兰植料为：腐殖土 20%，沙壤土 20%，气沙土 10%，沙石类 30%，塑料类 20%。非叶艺兰植料为：腐殖土 60%，作物茎秆 15%，嫩树枝 10%，种子壳 10%，芦苇草炭 5%。

②色土配方　适合于培育叶艺兰期待品。配方为：腐殖土 30%，河壤土 30%，气沙土 10%，沙石料 20%、松叶 10%。

③颗粒土配方　适用非线艺传统品种。配方为：颗粒土或块状土 60%，腐殖土（或沙壤土、稻根土）30%，作物茎秆或种子壳 10%。

④过渡配方　适合于栽培无土栽培转有土栽培，或有土栽培转无土栽培的种苗。这是因为各地兰友常买到有土栽培的种苗，马上采用无土栽培，或刚买回的无土栽培的温室苗，采用有土栽培，成活率不高，而试验 3 个过渡配方。配方为：土类植料（腐殖土、沙壤土、稻根土、气沙土）40%，沙石植料 50%，塑料植料 10%。用此过渡配方，栽培一年后，改变栽培方式，便可确保转培成功。

⑤畦植配方　配方一：腐殖土 30%，气沙土 20%，稻根土 10%，火烧土或完全烧透之煤渣 10%，粗河沙 10%，植物植料（木工刨花、作物茎秆、种子壳等）20%。配方二：腐殖土 50%，气沙土 30%，珍珠岩（或木工刨花）20%。

需特别注意的是：民用煤渣，必须把没完全烧透的黑色部分剔除，以防煤中的硫对兰株的毒害；工业煤渣，有一定的放射性物质，一般不用或少用，但如是要利用其放射物质，来诱促兰株变异的实验，则另当别论。实验用量的比例约为 30%。

## 第三节　兰盆的选配

兰盆是兰株寄居的场所。它们之间的关系十分密切。兰盆既关系到兰株的生息与发展，也关系到兰花的风韵。兰盆的质地、样式、规格、色泽都应该考虑到能否与兰株相得益彰。因此说，兰盆的选配值得研究。

### 一、兰盆的种类

①从兰盆的质地上分，有陶器盆、瓷器盆、玻璃盆、紫砂盆、石盆、竹盆、树桩盆、蛇木盆和塑料盆等几种。以蛇木盆，疏水透气性颇佳，而颇具天然野趣，为上乘之兰盆；没上釉的陶器盆，质地粗糙，疏水透气性能良好，十分适合于兰株的生长，但它的外壁易长青苔，清洗甚繁，因此多加上釉，以避其弊；紫砂盆，质地比陶器盆细密，疏水透气性能较弱，但古朴典雅，为高档次兰盆；瓷器盆结构细密，疏水透气性能甚弱，但甚雅观；玻璃盆，虽不具疏水透气性能，但由于它质地透明，能清晰地观察到假鳞茎、根群的风采，辐射力又强，有利于诱促株体可变因子的活跃，是新近推出的，能

全方位赏兰，又有利于兰株的变异，堪为新型的好兰盆之一；石盆虽较笨重，但也能给人稳重感；竹盆和树桩盆，通过适当的加工，也十分雅致，充满了自然的情趣；塑料盆是近代研制出的新型兰盆，它高腰多孔，已具疏水透气性能，质轻又不易损坏，造型美观，规格统一，已成为普遍使用的兰盆。如能改成透明盆，也许更好些。

②从兰盆的色泽上分，有白色、绿色、黑色、紫褐色、乳黄色等。

从有利于兰花生长看，黑色盆，能把遮荫下的散射光照吸收，以提高盆内温度，有利促根；如是陈列于廊道的围栏上，没有遮荫，光照很强，黑色盆还会烫伤根群，必须改用白色盆，把强光照反射回去，以避免兰根灼伤。

从观赏的角度上看，兰盆的色泽应尽量避免与兰株同色。同色了，就不具陪衬作用。其他的色泽都能与绿色植株有明显的对比。最好是素心花、绿色花、黑色花、蓝色花用紫红色盆；红花、五彩花、黄花等娇艳花，用白色盆、黄色盆、黑色盆，更能起衬托作用。

③从兰盆的造型上分，有高腰叭口盆、圆盆、方盆、六角盆、八角盆、矩形盆，椭圆盆、半圆附壁盆、吊盆、梅花形盆、三角形盆、拟态盆和外壁加以造型的葫芦盆等。

④从兰盆的用途上分，有利于兰株生长的生产盆和套盆，有形态别致、色彩秀丽的观赏盆，有小巧玲珑的应展盆，有筛网式的囤苗盆，有造景用的盆景盆，有用电脑调控光、温、湿、音乐的生态盆等。

⑤从兰盆的规格（直径×高度，单位：厘米）上分，传统盆多为阔径矮筒：32×17，22×20。现代考虑到，兰叶常弧垂，又为了让兰根垂直下伸，以利于起苗和包装运输，还为了增强与兰株的协调，而采取与传统相反的窄径高筒盆。分别为：10×15，15×20，20×24，24×30，34×30，38×34，52×48，62×58 八种规格。

## 二、兰盆的设计

养兰数量较大者，或计划大量培育者，多依自己的计划，一次性定制兰盆。分批零买，规格参差不齐，不雅观，也不一定适用。因此，要自行设计。设计时，要注意实用与雅观相结合。

### （一）兰盆质地的设计

质地粗糙的陶器盆，疏水透气性能强，盆内水分干得快，能使基质有干有湿，而不至于因基质疏水不良而烂根。不过现代采取了盆四周多开小孔的办法，基本上已弥补了由于盆质细密而产生的疏水不良之弊端，因此就不太拘泥于何种质地。

从减轻高层建筑的负荷，又便于搬动和运输看，塑料盆确实不错；从既利于生产，又雅观看，紫砂盆应为首选；从最适应于兰花的生长而又更具风韵看，还是经过加工造型的蛇木盆、竹盆、树桩盆好；从更能全方位赏兰，又能随时观察到兰根、兰芽、花芽的生长与健康状况的角度考虑，玻璃盆、透明塑料盆确实值得推崇。

### （二）兰盆规格的设计

兰盆的规格是指兰盆的直径和高度。它不仅要考虑到盆径与高度的相称；还要考虑到盆与株叶的高矮与阔窄的协调；同时还应注意到陈列环境与兰盆规格的协调，如门边、廊道、厅口、旮旯等。

一般盆身的高度要比盆面内径多4～5厘米；盆面边缘的宽度为盆内径的1/10；盆脚的高度为盆身高度的1/10。盆底中央，应有3～5厘米直径的疏水孔；周边应有4～8排直径0.5厘米的透气孔。

凡较大的兰盆，最好配有直径3～5厘米，与盆高等长的，周边密开0.5厘米直径小孔的疏水导气管。

**（三）兰盆造型的设计**

由于兰盆需要顾及到易于倒盆起苗和根系直伸的实际需要，多采用面宽、底小的高筒状，盆内壁不宜有不利倒盆起苗的造型。如需讲求兰盆的造型美观，只能从盆外壁打主意。如竹节形、葫芦形、多角形、梅花形、扁圆形、拟态形、梯式连体盆等。

**（四）兰盆装饰的设计**

兰盆的装饰系指观赏用盆的美容包装。一般多是在盆外壁上雕龙刻凤、镶金嵌银。也有画上高洁素雅的松、竹、梅、菊、荷的。其实在盆壁画上盛开之兰，书以咏兰名句。这样可以让人在无花时品画体韵，以增进赏兰之情趣。也许是值得提倡之举。

**（五）兰盆颜色的设计**

兰盆的色泽应对绿色的兰株有所衬托之作用，避免与其同色。像上釉的陶器盆和朱砂盆，它的本色就不错；白色的塑料大盆和瓷器盆，画上蓝色画也很不错；有些小塑料盆，盆身与盆脚不同色，衬托效果也很好。总之，兰盆的色彩勿弄五彩缤纷，以免喧宾夺主。

## 三、兰盆的选用

**1. 依兰株的高矮选盆**　矮种用小盆，中矮种用中小盆，中高种用中盆，高株用大盆，超高株用大花缸。

为了让珍品兰有个较宽松的生长处所，选盆时，应该提高一个规格档次。

**2. 依叶态选兰盆**　弧垂叶态的兰株，应选用高一档规格之兰盆；直立、斜立叶态的兰株，可以降低一档规格；叶幅阔的，应提高一档次，叶幅狭窄的，可降低一个档次；至于大环垂叶态的兰株，最好能配以高筒状的兰盆，一时不具此种盆，可采取垫高或悬吊陈列。

**3. 依栽培目的选兰盆**

①生产性培养的，常为三年后才换盆。培养得当，增株快，就要年年换盆，这样频频换盆又不利其生长。因此，应选高一规格档次的兰盆。不过，兰盆与兰株的配合，要力求协调，并非兰盆越大越好。大盆要比小盆里的基质干得慢，温度也较低。因此说，大盆种弱小苗，没有小盆种小苗好。

②展销性种植的，盆的周转率高，依据现有的株态选盆就好。

③观赏性培育的，除了依株高叶态选盆外，还可从视觉的反差考虑：如把略超出矮种兰范畴的植株，种于大一档次的盆里，就能体现其矮的特征，更具欣赏价值。

④备展品种，应把其种于相应规格的内套盆里，届时套进外套盆展览，以利长好，也可直接把它种于相应规格的塑料盆内。

**附：**图7-1，兰盆款式举例

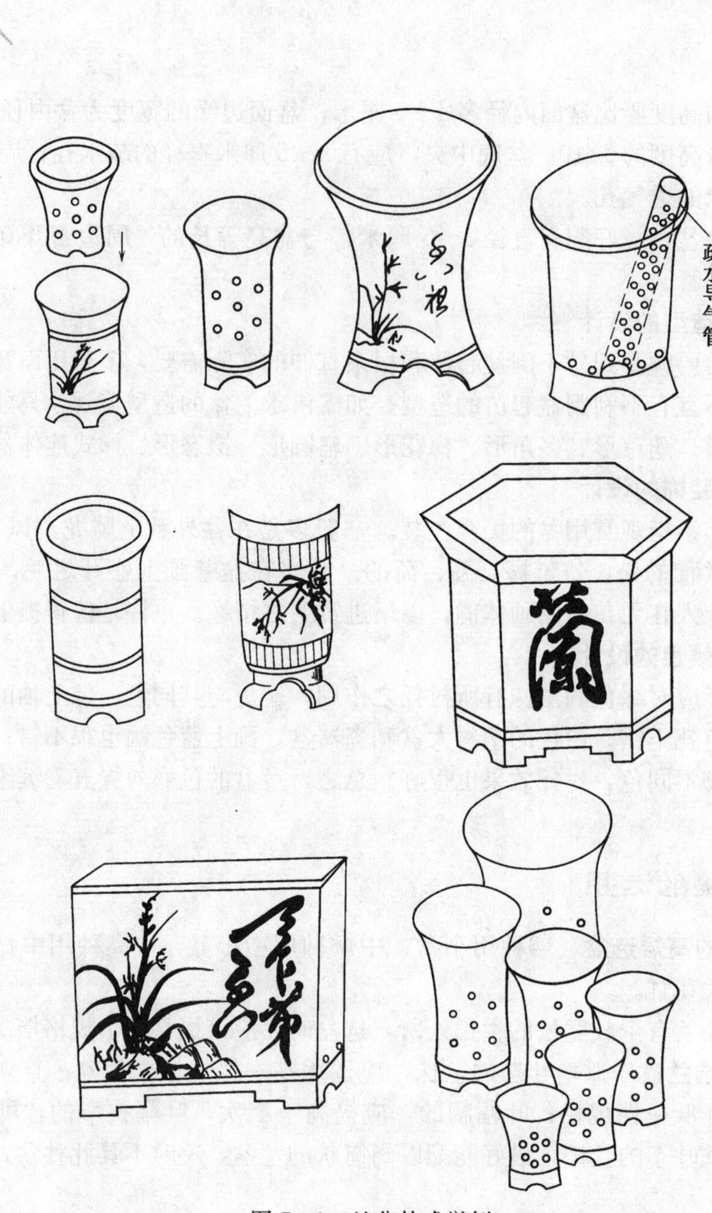


图 7－1　兰盆款式举例

## 第四节　种苗的栽前处理

### 一、种苗的分簇

关于兰花的分簇，历来都依据明代簟子溪先生总结出兰花习性的第 11 条“兰喜聚簇而畏离其母”的告诫，成丛而植。笔者认为，兰花的种子繁殖，由于出芽率太低，大家不愿采用；组织培养，一般个人根本不可能采用；传统的分株繁殖，虽简便易行，又能保存品种特性，但繁殖率太低，无法满足需要。因此，就对“兰喜聚簇而畏离其母”的传统理解“兰花喜世代同堂、聚簇而生，拆散了，失去了它的同舟共济的习性”重新推敲，认为“畏离其母”应该是指幼子不能没有母亲的哺育和扶养，并非永远不能离开母亲。人和所有的动物都是长大了便离开母亲，自己谋生。兰为高雅的观赏植物，且为人格化花卉，应该与人有某些相同之处。尚且只是说“畏离其母”，没有说不能离其“祖”。此外，有些人又认为：拆散离母，会导致难复壮，难开花。笔者考虑，因为禾本科植物的水稻，在秧田里的实生苗分蘖成丛，掰拆成单株，插在水田里很快就再分蘖成簇，苗壮成长，应期抽穗、开花、结实、成熟，兰花为何就不能拆散单植呢？于是就大胆地进行试验，把八株一簇的素心建兰全部拆成单株进行单植，仅从基质、光照、温度、湿度和薄肥勤施诸方面加强管理，当年获得了发育成熟的子株。第二年春又拆单散植，于仲夏萌发 5 个新芽，而这些新梢于深秋又各萌发 1 个新芽，其老株和老老株也各发1～2个新芽，并同时发育成株。此试验已总结为“兰花快速分株繁殖法”，连同标本，于 1990 年 8 月参加了在四川成都举办的“中国首届四季兰热带兰邀请展览会”，并获得科技铜牌奖。其论文被收入由中国兰花协会秘书长何清正主编的《中国兰花》一书中。以上说明，兰株是可以“离其母”的，关键在于何时离、怎样离和怎样管理。

实践发现：以新株发育完全成熟，又经冬眠后的春暖时分离为佳；以子母株连体掰拆后，再把子母株半分离为佳；以确保基质疏松而又无污染为前提，辅以散射光、恒温、适湿、薄肥勤施的精心管理为根本。

具体该怎样分簇呢？

把依附于簇兰根群上的植料抖干净，或用清水冲洗之，然后以根群最白嫩，根尖最晶亮、株叶较青绿光亮的为子株，与子株正对紧贴的为母株。并用手指捏住子株假鳞茎，摇晃之，其相连的新株能同时摇动的，便证实它们确为子母株。便可用一手的食指与拇指捏住母株的假鳞茎，另一手的食指与拇指捏住子株的假鳞茎，拇指对拇指，向相反的方向缓缓用力掰拆，当掰至约呈 90°可听到嘶嘶的撕裂声时止掰，改用消毒剪刀把裂口剪开，以避免撕裂假鳞茎。接着用同样的手法把子母株掰拆但不剪开，使之呈既分离又不全分离的半连体之子母簇，即告分簇完成。

如果要簇兰全部掰折成单株散植也可以，不过易因管理不当或因新株不够壮实而使散植后萌发的新株较弱小、株叶数减少、开花期推迟。所以，还是以子母株半分离、连体为单位分植最为恰当。

## 二、种苗的清杂

所谓种苗的清杂，就是指对那些染有病斑、虫斑的叶片和根系进行 1 倍以上的扩创术；对那些枯朽的叶鞘（叶甲）、冇根（空皮根）和过多的老根进行拔除或剪除。但在具体操作时，应注意以下几点：

①对于染有病斑的叶片、叶鞘和根系，应毫不吝惜地扩剪 2～3 厘米长。

②对于染有病斑的线艺叶、水晶艺、图斑叶、奇叶和洋溢着精品特征的叶片、叶甲，舍不得剪除的，可使用香烟烫烧病斑，或用消毒剪刀挖剪病斑，或用达克宁、咪康唑软膏双面涂擦病斑 2～3 次，以控制菌病蔓延、扩染。

③对于健康的株根甚少或全无的冇根，应用手拔除枯朽根皮，保留根的中心柱；染有病斑，或全腐黑的病根，也应用手剥除掉根皮和根肉，而保留中心柱，以利于固定植

株和起到些许的吸收运输水肥的作用，但要消毒。

④对于根系繁多的老根系，可把不具根尖的根和十分老化根，彻底剪除，好让新根有处长出。

⑤如果是实生苗，其龙根尚在，不论其龙根是否健康，哪怕是已干枯，都应悉心保留，以证实它是实生之龙根苗。好品种尤应注意保留。





## 三、种苗的消毒

种苗的消毒是最富实效的杜绝病虫原的重要措施，也是最根本的防治措施。切不可麻痹大意和存在侥幸心理，以避免不必要的损失。

### （一）种苗消毒的范围

不论是当地还是外地的下山苗，也不论是外购的培育苗或是自育的换植苗，都应该毫不犹豫地进行严格的消毒。

### （二）种苗的分类消毒法

①对于全无病虫斑的或已有病斑的种苗，可选用广谱、高效、真菌细菌并杀的无公害杀菌剂可杀得2 000的1 000～1 200倍液，加稀释液量1%的食用米醋（以取其有极强的渗透力，引导药剂直达菌虫体内，增强杀灭力），浸泡0.5～1.0小时。

②对染有介壳虫的种苗，可在上述杀菌剂稀释液中，加入0.1%的蚧杀特、朴杀蚧等之一的杀虫剂。

③对于已现病毒特征的种苗，或来自病毒病害流行区的种苗，或明知曾与病毒苗混装和曾有间接接触过病毒苗的种苗，既可单独选用抗病毒剂消毒，也可在灭菌剂稀释液中加入0.2%的病毒必克或0.1%的病毒K。

④对于种苗中带有刚展叶，或尚未发育成熟的新株，为防止浸泡消毒时折腾伤或渍伤，可改为手捧倒立种苗，或斜陈种苗（株根斜向天，叶片斜向地面），用消毒药剂淋透，待干了，再淋之。反复淋4～5次，以避免意外伤害。

## 四、种苗的晾根

种苗浸泡消毒的时间，一般为0.5～1.0小时。时间一到，及时捞出，用洁水冲净后，斜陈植株（株基斜向天空），晾干水分。少量的可倒挂植株，晾干水分，直至根系变软。如有光照，可把植株摊于草地上，用透风的遮荫物遮住叶片，让阳光均匀晒软株根。这样处理过的兰根质软，便于在盆内布设，可大大减少折断，又可让阳光激活假鳞茎和根群的生长因子，以提高新根萌发率、发芽率和成活复壮率。

## 五、盆钵和工具的消毒

①从未使用过的新兰盆，又没有久陈于有污染源的地方的，自然无需消毒。

②凡是可疑有污染的兰盆、工具和曾使用过的兰盆和工具，都应消毒。均按种苗消毒法消毒，一般用杀菌剂稀释浸泡2小时以上。有介壳虫的，加入杀蚧剂；有病毒可疑的，加入抗病毒剂。

③凡修剪、扩创用的刀具，每使用过，均应用上述消毒剂浸泡消毒2小时。用于修

剪精品的刀具，每剪过一盆兰株，就要消毒一次，其快捷的消毒办法是，用打火机火闪灼10秒钟。

④修剪病毒苗和可疑为病毒苗的刀具，应用抗病毒剂浸泡2小时以上，方可用于其他兰株的修剪，以防扩染病毒。

如果用酒精消毒刀具的，应先用碘酒棉球擦湿，待干后，再用75%～80%的酒精棉球擦湿，干了再擦，反复2～3次。但用于病毒株的刀具，用此法消毒达不到消毒的目的。病毒的消毒要有200℃高温消毒20分钟。或用抗病毒剂加食用米醋浸泡2小时。

## 第五节　栽植工艺

### 一、畦地栽植

①畦地布设　兰棚与畦地均应南北走向，以利通风；畦宽以不超过1米为宜，以便于管理；畦沟宽以不少于50厘米为宜，以便于喷药施肥；畦的周边用砖头竖埋下5厘米，不够高可用新瓦片接上一片，这样就有35厘米高。畦底铺上小石子或粗河沙5厘米厚，以利于疏水透气，其上填入结构粗糙的植料25厘米厚，即告布设完毕。

②株行距　以株高的50%～60%为宜。一般矮种行距不少于15厘米，中矮种行距不少于20厘米，中高种行距不少于25厘米，长高种行距不少于30厘米，特高种的行距应有40～50厘米。

③种苗归类　先依品种性质归类，后按株高分档。

④开沟种植　开一条横行株沟至沙石层，布入植株，理顺根系，一手提住老株的假鳞茎，一手填上基质至假鳞茎基部，继而轻提植株，以让株根伸展，然后续填基质，直至埋没假鳞茎。种完一横行后，再开一横株沟种植。注意尽量保持横直行植株成一直线，以利管理和通风透气。

### 二、盆土栽植

①填入疏水垫层。备有疏水导气管的，直插或斜插入。无备疏水导气管的，可用疏水透气罩（可用饮料瓶，自行加工）遮盖盆底中孔。或用套水果的塑料网套遮盖。然后填入泡沫塑料碎块、木炭、干树根、或砖瓦碎块之一，至3厘米高许。

②填入粗植料2厘米厚。

③布入植株，新株朝盆缘，理顺株根，一手扶住老株假鳞茎，一手逐步填入植料，直至假鳞茎基部，然后轻轻上提植株，以让株根伸展，继而轻摇兰盆，让基质与根系结合好，接着填入较细的植料，直至接近没过假鳞茎，最后在盆面，疏铺些水草，以防浇施水肥时，冲走基质，又可增强保湿作用。便告上盆完毕。

### 三、无土盆植

盆底中孔，同样要盖上疏水罩或铺上塑料套网，以阻植料漏出。然后依株根的长短而决定要否先填些粗植料垫底。接着布入植株，理顺根群，逐步填入无土植料，直至没过半截假鳞茎，其上疏盖些许水草以保湿。即告栽植完毕。

## 四、水培栽植

兰花的水培，是采用专用兰盆、专用营养液培养的。这个专用兰盆，为套盆。内盆为筛网式，加固定株根的肋筋。外套盆是全无孔的透明盛水盆。

栽植时，把簇兰根分成四组，分别插入筛孔中，让假鳞茎紧贴于筛孔中央的十字形肋筋上，然后把它移入外套盆里，并用海绵或泡沫塑料块、石子等之一，固定兰株。即告栽植完毕。然后在外套盆里，注入洁水至储水线上，再滴入 0.4～0.5 毫升的兰花水培专用营养液即可。

## 五、气培栽植

气培为笔者在多次进入产兰山野考察、采集品种时，偶尔发现：有人采集野生种苗时，把不要的种苗丢在树杈上，照样长新根、发芽、开花的奇观，于是进行实验，成功后，推出的一种适于工厂化、排层式立体栽培的最省事、最高效的生产方式的栽培法。它不仅可在温室里批量栽培，也可以在室内盆式全裸根栽培，是一种最简单的栽培法，又可全方位欣赏兰花的新型栽培法。

①瓶盆外栽植　任选兰盆或花瓶、酒瓶或塑料、不锈钢材、铝合金材等加工成的花瓶式支架。用竹棒、塑料粗铝线约 30 厘米长，3～4 根，松扎成把，插于瓶、盆内，撑开，为固定兰株的支架。把兰株布其上，假鳞茎紧贴于支架交叉点上，让所有兰根裸露于瓶、盆外周，即是栽植完毕。

②排层式栽植　以铝合金、不锈钢、镀锌管或竹木搭成的，如分层式床架样的培植架。用上述材料布设排式横杠，把簇兰根分成两半，骑于横杠上，两侧再用塑料绳固定，即告栽植完毕。

③吊挂式栽植　用塑料绳吊挂簇兰。

## 六、寄附式栽植

所谓寄附式栽植，即把兰苗假植于假山造景之岩壑中或树桩盆景上，以烘托环境的自然和高雅。

把簇兰布于需要点缀之处，用塑料绳松扎或小石子压实兰根等办法固定植株，并用水草遮盖兰根以保湿，即告栽植完毕。

# 第八章　墨兰的养护

## 第一节　栽后养护

不仅是新栽的下山苗和外购苗，几经折腾，伤痕累累，创口比比皆是，犹如手术后的病人，离不开护理，就是自有的换盆兰，也经起苗、掰拆、修剪、消毒而元气大伤，同样需要精心护理。否则，它的存活率、生长力，必将会受到一定的影响。因此，对于新栽兰，要像爱护自己的孩子一样悉心养护它。现将其养护要点，分叙如下：

### 一、适浇定根水

**1. 选定合适的浇施时间**　新植兰，浇施定根水的时间，常分为即浇和缓浇两种方式。凡是培养基质已事先调成半干湿的，不论种苗的具体情况，都可以采取缓浇定根水的办法。即，待栽后3～5天，基质偏干了，根系的创口也已结痂。此时浇定根水，便不至于渍烂兰根。但为了避免兰叶脱水，应视实际情况，向叶面喷施水雾或叶面肥。

如是基质偏干的，种苗创口较多，又有经晒软兰根处理，叶片已有轻度脱水现象的，应采取即浇定根水的办法，以防叶片脱水，影响成活率。

**2. 定根水的施法**　浇定根水的方法通常有三种：即A，从盆缘缓注；B，从株顶往下淋洒；C，浸盆。

浸盆法，虽可浸透全盆基质，但混于基质中的粉状基质，无法随浇水排出盆外，多少增加了基质疏水透气不良的可能性。尚且，浸盆用的是已使用过的花盆，又未经严密消毒，极易扩散病毒、病菌、虫害原。还有浸盆法，需要储水池，又要往返搬动盆兰，十分费劲，多不采用。

从株顶往下淋洒的浇法，可趁此清洗叶片的尘土，又可冲刷掉混杂于基质中之粉状基质，以减少基质板结的可能性。但如有刚展叶的新梢，易使浇下的水分淤积于叶心造成渍烂。不过，可以开动风扇2小时，吹干它。

从盆缘缓缓注入式的浇水法，是用长嘴喷壶往盆缘缓缓灌注的给水法。它既避开了其他浇法之弊，又扬其他浇法之利，堪为最好的浇法。就是浇施时，速度较慢，比较费神。此法多适用于少量养兰者。

**3. 定根水的质量**　浇定根水的目的在于向兰株提供偏酸水以滋润，使基质与兰根结合好。与此同时，也应向不具有益微生物的新基质输入生物菌及有益于兰株长新根、恢复元气的天然内源激素和微量元素。据此，定根水，除了经测定，确系偏酸外，还应加入500倍液四川产“华奕”牌兰菌王。

### 二、合理调控光、温、湿

墨兰虽为喜阴性植物，但并不是不需要阳光，而是需要冬春在50%～60%遮荫密度下的散射光照量；夏秋需要在80%～85%遮荫密度下的散射光照量。温度宜调控在18～30℃之间，以25℃为最佳，日夜温差6～10℃为宜；湿度要求有70%以上的空气相对湿度。

凡有全自动调控设施的兰室，应把调控信息及时输入。无此设施的，只好因陋就简，把新上盆的兰株陈列于地面上，用竹片或小号钢筋架设圆弧形拱架，上蒙塑料薄膜以保温、保湿，其上拉70%～80%遮荫密度的遮阳网，以确保有散射光照。

对于仅是少量的新栽盆兰，把盆兰置于荫棚下，可以用竹片或粗铁丝在盆缘设拱，套上塑料薄膜袋。如果气温高，可在塑料套上刺7～8个小孔，以微透气。这样，同样可以获得散光、恒温、恒湿的呵护效果。

如果为图省事，把新上盆的盆兰置于冷室或简易荫棚里管理，也是可以的。不过其恢复元气时间、长新根时间、发芽时间，都比密封管理的长些，其总体效果也差些。

### 三、适当给养

新栽的兰株，根群创口未结痂，施肥，可能渍伤创口而导致烂根。一般都待新根长出2厘米长后，才开始施肥。不过这也不能一概而论，应该从肥料的性质与施法上来研究新栽兰可否施肥的问题：

从肥料的性质看：化肥对根群创口的刺激性确实大，有机肥有时夹带菌虫，施下，可从创口入侵。由此看来，在未长新根之前，根群的创口也未真正结痂，施下上述肥料，肯定利少而弊多。

如果我们选用能给基质注入有益微生物和天然内源激素的兰菌王，不仅不会引起烂根之弊，还有利于促进恢复元气，早长新根。如此看来，除了浇施含有上述菌肥稀释液之定根水外，每当需要浇水时，都可浇施同样的菌肥水。

再从肥料的施法上看：根浇会渍伤根群；而叶面施予，不仅避其弊，还大有益于它的恢复与生长。

通常选用900倍液兰菌王、2 000倍液美国产促根生、1 200倍液德国产植物动力2 003、1 500倍液上海产磷酸二氢钾，1 000倍液美国产花宝4号等叶面肥和促根剂，每隔3～5天交替喷施一次。

新植后1个月，如用上述促根剂、叶面肥，扩大稀释1倍，当需要浇水时施入，实验证明确实有益。读者不妨少量一试。

值得一提的是，每次喷浇水肥后，要待叶片水分吹干后再密封，以防水渍害发生。

## 第二节　常规管理

俗话说，“三分种，七分管”。栽植仅是个基础，管理却是关键。只种不管或少管就能自然长好的，虽不能说没有，但实际上是太少啦。事实上，任何作物都离不开人的精心管理。而要让富含肉质根的墨兰茁壮生长，应期献艳送芳，绝不能一曝十寒，而要持之以恒，常常关注。因此，特立一节，聊叙常规管理。

所谓的常规管理，就是有规律地经常测报和纠偏，以尽可能满足兰花生长之所需。具体可归纳为“十看十查十想”：

一看兰棚室里的温度计，查调措施是否得当，想想有无更理想的控温措施。

二看光照量是否适中，查哪些是光照死角，想想该如何克服光照死角，或该采取何措施弥补光照不足的盆兰。

三看湿度表，查兰盆基质的干湿度，想想该何时浇水较合理。

四看兰叶是否有微微晃动，查各个旮旯里的兰叶是否同样有晃动，想想如何使兰场处处透微风。

五看兰株的长势，查有否疯长或滞育的现象，想想如何纠正与避免。

六看兰株的健康状况，查有无病毒菌虫害活动的迹象，想想该怎样提高病虫害的防治水平。

七看兰棚室有否安全的隐患，查各种设施的牢固情况，想想该如何加强安全设施。

八看新株叶幅与叶数的进退化现象，查施肥记录，想想进化或退化的致因是什么，该如何纠正和防止。

九看叶艺、型艺的进退化迹象，查培育基质成分与用肥成分、数量的记录，想想究竟是何致因，该如何纠偏与防止。

十看花朵开放情况，查对往年开花记录和花的照片，想想其变化的致因。

观赏性养兰，数量少，且多为自然式培养，不像大规模养兰那样复杂。即使出现些问题，处理起来也较简单。规模化养兰，数量大、品种多，来源复杂，病虫害也多，植株的适应性与抗逆性各不相同，因此问题多而复杂，如没有及早测报，及时排除隐患，把问题解决在出现苗头之时，一旦贻误良机，其损失不可挽回。因此说，管理兰花，切忌一曝十寒，而要常常光顾兰园，进行“十看十查十想”的常规管理。

## 第三节　自然条件的利用

### 一、光照的合理利用

墨兰虽为喜阴性植物，但它并非不需要光照的。它和其他有叶绿素的植物一样，需要有一定的光照量，制造食物才有能源。只是它所需的光照量较少而已。据有关部门研究表明，墨兰在冬春两季，有上午 9 时的光照量之半强，夏秋中午光照量之 10%～15%，即能基本满足其生理活动之所需。超过太多，反而不利其生长。由此看来，培养墨兰的场所，不宜采用固定的遮荫设施。最好是，冬春季，上午 9 时前的晨光和阴晴天，免遮荫；9 时后，选用遮荫密度 50%～60%的遮阳网遮荫；夏秋光照强，上午 8 时前免遮荫，其余时间，应有 85%的遮荫，高档次叶艺兰（包括水晶艺兰、图画斑艺兰），应有 90%的遮荫密度。当然，如是阴晴天，也应调整为 50%～60%的遮荫密度。

总而言之，墨兰的光照量应比建兰少得多。不要采用与建兰同样的遮荫密度。

## 二、气温的合理利用

墨兰是喜温暖、怕热而畏忌寒冻的观赏植物。冬季休眠期，白天温度应 12～15℃左右，夜间要 8～12℃左右。略高些无妨，偏低了则会影响或推迟翌年的发芽。如果是白天气温仅 1～2℃，甚至近于 0℃；夜间低于－2℃的，将会有不同程度的冻害发生。如果再低些，将会导致“全军覆灭”的严重后果。还有墨兰也十分怕霜，必须及早防护。如此看来，墨兰在冬春两季的保温防冻，是关系到生死存亡的头等大事之一，绝不能掉以轻心和草率从事。

**1. 各类地区的保温防冻**

①无明显冬冷的无霜区的防冻　有条件的，把室温调控在休眠期的适温范围之内，自然很理想。如果是不具采温条件的，只要在夜间关严西北向门窗，或用双重塑料薄膜遮挡西北风便可。

②偶有薄霜地区的防冻　偶有薄霜的地区也不能大意，不仅兰场上空需要塑料薄膜挡霜，而且四周也应用塑料薄膜遮挡。不过兰棚的东南向，勿遮得太严，应留有微通风透气，以防水蒸气上升至棚室顶，再返滴于叶片而导致冻害。

③多霜地区的防冻　此类地区，霜冻常连续半月，总霜期长达季余。无下霜时，又常是阴暗的酷冻天，夜间，尤其是凌晨多在－4℃左右，甚至也会有短暂性的－12～－15℃以下的低温。不过这样的高低温，不会年年发生，多为有规律性的 7～8 年，才有一次。但也要注意预防，备有应急措施不能存有侥幸心理。

此类地区常惨遭冻害。冬季应尽早拆除兰架下的储水增湿设施，地面尽量保持干燥些。一旦天空晴朗，北风猛刮时，距兰场西北向的 20 厘米处，应用草帘加双重塑料薄膜构筑挡风墙，可有效地增强防寒力。与此同时，密封之兰棚室之东南向，要保持有些微的缝隙，让其有略透气，以避免棚室地面水蒸气上升至棚室顶而反滴于艺叶上而结冰。有兰架的，最好把盆兰移至地面上，以赢得 1～2℃的地热。但是，如果气温低于 0℃的，还是采取升温措施，才能确保安全越冬。

④酷冻地区的防冻　广袤的北方，冬季气温低至－20～－30℃。必须备有地窖，四周与棚顶用塑料薄膜加草毯保温，并加人工采温防冻。少量盆兰，移进有采温的居室，便可安然越冬。但要注意通风换气和设置水盆，适当喷施水雾以保持室内空气有 50％的相对湿度。

⑤自然地热的利用　实践发现：在同一个简易冷棚里，同样的防冻条件下，同一产地，同样株龄，同时种植，相近似的长势的墨兰，陈列于兰架上的，惨遭冻害而枯；移至该兰架下之地面上的，却安然无恙。这就证明了，地表的温度要比兰架上的温度高 1～2℃。由此看来，没有采温条件的，冬寒时，把盆兰置于地面上，可赢得一定的地热，减轻冻害。北方采用地窖给作物越冬，也正是充分利用地热的好方式。

**2. 人工采温防冻的措施**

①电器升温　电器包括空调器、远红外取暖器、植物保温灯、散发热量的电灯泡。不过，这些电器，除空调器外，都应离兰叶 1.5～2.0 米，以防灼伤兰叶。电器升温，

多设置水盆以保适湿。

②布设热气管道　在室外，用高压饭锅煮水，把水蒸气输入布于兰架下、棚室四周的厚的镀锌管中，以散发热量。但水蒸气的输入要有排出，没有排出将会发生爆炸事件，切勿大意。热气升温，也要保持空气湿度，以防兰叶脱水。

③室内煮水升温　在南方的某些地方，往往会有几个小时的短暂性低温，可用煤炭炉在室内敞开煮水，以升温。不过此升温法，只能短暂性的应急使用。因为在室内生火，会把有限的氧气燃尽，烧煤，有煤气污染兰株；另方面，水蒸气上升至棚室顶，往往会反滴于株叶上，对远离热气源的角落，同样会产生冻害。应注意在棚室的东南向，略开小窗，让空气有小对流，以避其弊。

值得一提的是：无论采取何种采温措施，都应在棚室里挂有干湿温度计。温度别升得过高，空气湿度要保持，要注意换气，升温源应与兰株有适当的距离。

**3. 提高兰株抗冻力的举措**

①抗寒锻炼　自晚秋开始，让兰株适当的“扣水增光”的抗寒锻炼。即到了该浇水的时候，推迟两天浇水，其浇水量也相应减半。与此同时，减少遮荫密度，以提高光照量。这样可使株体细胞间的自由水减少，束缚水增多，茎叶角质层增厚，结构紧密，以提高抗冻力。

②停氮，追磷钾　仲秋开始，停施氮肥，追施磷、钾肥。让磷肥调节兰株的代谢进程，参与糖类、含氮化合物、脂肪等方面的代谢，以缩短秋梢的发育期，提高株体糖的含量，使株体细胞冰点降低而增强抗冻力；让钾元素以提高光合作用强度，促进碳水化合物的代谢合成，使株体的木质素、纤维素增多、增粗而使茎叶表皮坚韧，从而提高抗冻力。

③抑灭冰核细菌　现代生物科学家研究表明：植物的冻害，不全是由于低温所造成的，而也是由于有一种被称为“冰核细菌”的微生物，在－2～－5℃的低温条件下，就会诱发植物细胞结冰而导致植物冻害。因此，抑制或杀灭冰核细菌，对提高作物抗冻力，有着不可忽视的意义。

在杀灭冰核细菌的药剂尚未应市之前，用0.05%浓度（即1克药粉稀释2 000克水）的农用链霉素，于严冬前半月开始，每7天的傍晚，喷施一次，连续2～3次，可以获得冻害大减的效果。

笔者多次把其试用于墨兰的防冻。在抗寒锻炼、停氮追磷钾的配合下，于严冬喷施2～3次农用链霉素稀释液，仅在遮挡霜和西北风、东南向半敞开的简陋防护条件下，短暂性－2～－10℃的低温，墨兰基本无严重冻害发生。

④给株叶设置保护膜　在喷施过农用链霉素（农用链霉素较好）后5天，喷施一次500倍液78%的“科博”牌可湿性、广谱高效保护性杀菌剂，它能附着在株叶表面形成一层保护膜，它药效高、耐冲刷、残效长，又可减少叶片水分散失而获得减低冻害的效果。

使用天津产的高分子化合物之植物保湿剂500倍液（先用少量50℃温水稀释成母液，然后再加水稀释成500倍液），喷施于株叶正反面，可使其形成保护膜，而提高防冻力。

**4. 高温的促降** 墨兰的生长最佳温度为25℃上下。气温高于30℃的，便有不同程度的滞育现象；高于35℃的，不仅影响生长，还可能出现生理障碍。不仅是白昼的气温不宜过高，夜间的气温，也应比白昼低5～6℃以上。因为，如果夜间气温过高，呼吸过快，消耗过大。白天在高遮荫下，有限的光照量所制造的有限光合产物，就会大部分被消耗掉。这样积累少，便会导致株叶早衰、发芽力、开花力降低，花也少香。因此说，要给墨兰创造一个凉爽的生长环境，夏秋要注意降温。其主要的降温措施有：

①增加遮荫层次和范围 俗话说：背靠大树好乘凉。因为树大，遮荫的范围大，枝繁叶密，层层叠叠，自然就凉爽。从此便可悟出：适当扩大兰场的遮荫范围和在遮阳网上（约距20～30厘米处）增设一层遮阳网，比单层高密度遮阳光的遮荫效果强，尚且又能保持较适宜的散射光照。

②提高通风的质量 风可以送来一片清凉，又可以带走污浊的热气。增加通风量，固然可以立竿见影，但风量过大，也会有吹折幼叶和造成机械损伤、给菌虫害的入侵打开方便之门的副作用。因此，不能光从增大通风量着眼，而应该多从通风的质量上着手；盯住保持空气新鲜和均匀通风的问题。即注意排换气，保持室内空气新鲜，注意室内风力流向的顺逆，以保持每个方位都能均匀通风透气的问题。

其实提高通风质量，并不一定要全靠先进的电器设备。笔者曾摸索出一种富有实效而又特别经济的简单设施，可供参考：

就是在兰棚室中，每10米$^2$设置一支大号塑料疏水管伸向棚室顶部以外数米，其下端离地面约为50厘米高。这极似工厂之高炉，具有很强的自然抽风力。兰架下的闷浊空气，便可随时自动抽向高空。处于棚室外的新鲜空气，便会趁兰架下的空气少而进入填空。这样不需要动力，就可在提高兰棚室的通风质量的同时，起到协同降温的作用。

## 三、空气湿度的合理利用

墨兰原生于低海拔，近河、瀑布、泉水、沟渠边，荫被良好，雨量充沛的半山腰之下部，使它养成喜高湿的生长习性。再由于它的叶幅格外阔大，蒸腾量自然也大，需要有比其他兰更高的空气湿度。如果空气湿度偏低了，叶缘就会出现后卷，叶面也就有似轻度脱水样的微皱。这肯定会影响它的生长，尤其是秋季，空气湿度偏低了，影响它的营养积累，对翌年的萌芽力与开花力都会有很大的影响。因此墨兰场所在休眠期，要保持有50％～60％的相对湿度，生长期要有70％～80％的空气湿度。这是养好墨兰的重要一环。

**1. 天然湿度的充分利用**

①在不影响室内墨兰生长适温的前提下，阴雨天和夜晚多开棚室门窗，让室外高湿气流和雾露自然进入棚室，滋润兰株。

②没有严重工业污染的地区，兰棚室顶可开有0.5/10～1/10的活动式天窗（雨天关闭），让空中的雾露进入棚室内，滋润兰株，又可降温。

③兰棚室周围，设置0.5米宽的流动水渠或固定水面，以增加棚室周围的空气湿度，好让较潮湿的空气随风进入室内，以助降温和增湿。

**2. 增加调湿设施**

①经济条件许可的，可以设置自动调控的全天雾加湿器。

②免动力半自动加湿装置。它是在棚室内之一角顶空，或棚室外的高处，安装个储水桶，把水通入棚室内顶空的小号输水管。管之下向，每隔 20 厘米，用细针刺个小孔，管内之水渗滴于管下 100 厘米处的大 1 倍之水管，自然溅起水雾，给兰场增湿。此装置，耗资少，设置简易，使用期长，又免动力，堪为既经济而又实用的加湿装置。

③在兰架下，用砖头围砌，铺上新的塑料薄膜，注入水，使之成为一个水床，随着温度、光照的作用而蒸腾水蒸气，以增湿。

④高热地区，在兰场的通道，也应铺上 5 厘米厚的粗沙、灌湿水，好使整个地面都能增湿空气。

⑤酷热地区和高燥地区，可采取室内四周设置水帘，电扇鼓风，以助降温保湿；也可在四周墙上，悬挂易吸潮的棉毯等，喷湿水，以助降温保湿。

⑥观赏性盆兰，可设置水托盘，并在盆面和盆外周铺挂水草或脱脂棉花，淋湿水，以助降温增湿。

⑦火炉地区，高热天，可散陈冰决以保湿降温。

**3. 人工加湿**　即依需要进行人工喷雾、洒水。

**4. 调整空气湿度**　每当夜凉时和气温骤降时，或阴天，如兰叶湿度过大，应及时开启风扇吹干兰叶，尤其是新芽刚展叶期，空气湿度、叶片湿度不能过大，应让叶片干湿有时，以利其正常生长。





## 第四节　墨兰的浇水

### 一、水质要求

凡是能供人饮用之微偏酸、无污染之洁净水，都可以用以浇兰株。

### 二、水质的纠偏

①含有漂白粉等消毒剂之自来水，因其含有氯的成分。有碍于兰花生长，最好能敞开储存半天以上，让水中的氯气挥发后再使用。

②来自石炭岩地区的地下水（井水、泉水），因其富含碳酸氢钙，而兰花为嫌多钙植物，同样应储存，让其沉淀后，取其上层净水，经测试、纠偏后浇用。

③有工业污染严重的地区，常下酸雨，其水源也有可能偏酸太过，浇兰易败根。如经检测，pH 超过 6.5 的，应添加入氢氧化钠、氢氧化钾、食用碱等之一，以中和之。并再测试，在 pH 在 6 左右时，方可施用。

④北方等地区之偏碱水，应添加入食用米醋，直至 pH 近于 6 时，方能施用。

### 三、浇水时间

①冬春低温时，宜于太阳升起 2 小时后，气温、水温、土温相差不大时浇水较好。

②盛夏金秋，骄阳下的干燥基质，骤施凉水，也会因土温突然降低而干扰根系的生理平衡。能于晨起后和夜凉后浇水，自然不错。可是，高热地区、火炉地区，日需冲水降温3～4次，根本等不得凉爽时，得应需而浇，不仅无妨，而且有利于降温保命。事实上，此类地区兰盆里的粗糙基质，始终都是潮湿的，随时浇水，确系无妨。

③露天陈列，或露天栽兰，夏秋午后，如遇小雷阵雨，未能淋透所有基质，尚存有余热会伤根，最好于雨停即浇透水，以冲去余热。

④浇水的间隔时间　有土栽培的，常因盆钵的质地、植料粗细、盆株之众寡、气温的高低、光照之强烈、风力之大小而有明显的差异，甚难统一划定。大多依盆面表土微干白后的2～3天浇水为宜。

无土栽培的和颗粒土栽培及全粗植料栽培的，应“宁湿勿干”。一般来说，每当盆面基质呈现微干迹象时，便需浇水。生长期，阴天，日浇透1次；晴天，日浇2～3次，酷热天，日浇4～5次。休眠期，阴天，2～3天浇透一次；晴天，日浇透1次。有些人采取盆面基质干时（盆底层基质尚未干）喷洒少量水，待第二次盆面基质干燥时才浇透水的供水法，确系依需而供，效果甚好，值得参考。

## 四、浇水的数量

历代兰家都主张，浇水必浇透。浇至盆底中孔有水流出，切勿浇半截水。这是真知灼见，应当铭记。因为浇透了，一方面，所有的根都能得到滋润；另方面，兰根呼吸、微生物呼吸和基质中的腐臭味，才有可能随水外泄。如果只浇半截水，不仅盆中的臭气难以外泄，而且那些已得到少量水滋润的根，还要把有限的甘露倒流，去滋润尚未得到水分滋润的兰根。对于有些疏水性能不佳、一次无法浇透的基质，应反复缓注，力求全浇透。

当然，浇水的数量也不能一概而论，宜灵活掌握。至于冬季气温低，不具采暖防冻条件的，只好浇下平时浇水量的一小半，以防因盆内基质水分过多而冰冻。

## 五、浇水的方式

浇水方式还是以本章“栽后养护”一节中所提及的淋浇法、盆缘缓注法和浸盆法三种传统的浇水方式为主。近几年来，有些人为了图省事，拿一条塑料软水管接上水龙头，打开开关，前后左右，横扫直射。这种浇法有三个缺点：一是水力大，常易扫射伤展叶不久的新梢而导致烂芽；二是这样扫射，表面看浇得很湿，其实没有浇透；三是这样猛力扫射，常溅起泥沙污染邻近的株叶。劝君勿采用此种浇水法为好。如果把水管接上喷嘴，逐棵淋浇，周而复始，浇透为止，对于新芽未展叶和新梢已发育成半成熟的生长期，倒是比较合适的一种浇水法；对于新梢尚未发育成半成熟的，浇水后，宜加强通风，吹干淤积于梢心部的水分，以防渍伤新株。

## 六、免动力自动滴注法

在兰棚室内或外一角的上空，设置一个盛水桶，底边缘安上开关，连接小的软导管，并把导管布设于排行式陈列的盆面上，正对盆面的导管，针刺一个渗水孔。通水后，即缓缓而不断渗滴入盆中基质。此种浇水法，一次少投资，可长期受益。它有效地避免了其他浇法的弊端，既省时、省事，又能确保浇透。只要上班前，记得打开开关，下班回来关掉开关即可。用几次了，掌握了用水量，便可从水量上掌握控制。如果是大水池，能安上自动开关就更方便。

## 第五节　墨兰的施肥

作为地生根兰花之一的墨兰，它的施肥与其他地生根兰花大同小异，其所需之肥料种类，施肥的时间、浓度、次数、方式和缺素矫正、施肥需知等问题，其他兰花拙作中均已从不同角度叙述过，在此不再赘述。现仅把其“小异”聊叙如下，以供参考：

### 一、增大钾素的比例

依墨兰需多钾元素的习性，应在肥料中加入1/8～1/5的硫酸钾或硝酸钾。

### 二、肥料的埋施

有土栽培的，长时间只施化肥，既会使基质呈强酸性而导致板结，大大减弱了疏水透气性能，又会引起严重败根，新根难长，老根又褐黑，吸收功能大失，株叶饿蔫而黄化。如与有机肥混施或间施，便可避弊扬利。可是有机肥比较不卫生，观赏性养兰多不便使用，于是就油生了固体有机肥埋施的实验。

选择产地、株形、叶幅、代数、长势相近似的种苗，用同样的基质栽植，相邻陈列，分为单施无机化肥组、单施有机液肥组、单埋施固定有机肥组、埋施有机固体肥加间施无机化肥组，进行实验对比发现：单施化肥的，长势确实喜人，但一年后，逐渐出现了生理病害；单施有机液肥的，比单埋施有机固体肥的，可能由于基质受肥均匀之故，基质疏松，长势更健壮；而那些既有埋施固体有机肥，又有间施化肥的，效果为最佳。如此看来，在埋施有机固体肥的基础上，间施些化学肥料，是确实可行的。现简介固体有机肥的加工法与使用法如下：

（1）固定有机肥的成分与制作　选用黄豆渣饼、油菜子渣饼、花生米渣饼、茶油渣饼等之一两种，鸡粪、鸟粪各等量，加入肥料总量1/4的动物骨粉，混合均匀后装入水缸，用人尿或兔尿拌湿，缸口用塑料薄膜扎紧，置于光照下曝晒一个月以上，取出晒干、备用。

（2）固定有机肥的埋施法

①直接埋施　春暖，气温20℃左右时，在兰盆面的东西缘挖4厘米深、5～6厘米长的穴道，撒上一小汤匙（1～3克）的有机固体肥，并盖上土；仲夏再于盆面缘的南北侧，挖埋一次。这样分次分位施予，既避免了肥料过多，又延缓了有效期。这样已基本满足全年生长之需肥。

这种直接埋施法，适合于保肥性能较强的有土基质种养之盆兰。

②袋装埋施　对于无土栽培和全粗植料栽培的，其植料的保水保肥性能低下，如直接埋施，其肥分很快就会随浇水而被冲光。因而设计3个袋装埋施法：即用塑料薄膜制

成3厘米×4厘米的小袋，装上肥料后，封严，然后在袋的上口开个0.5厘米大的进水孔，袋底两端各开一个0.15厘米大的出肥小孔。晚春埋施东南两侧，夏末埋施西北两侧。这样可基本克服无土植料和粗植料保肥性能低下的问题。

## 三、淡肥勤施

据兰喜肥而畏浊的生长习性，给兰花施肥，只要不偏离“偏酸”和“稀淡”（沤制有机液肥100～200倍液以上；化肥2 000倍液以上）的原则。至于肥料元素的比例、稀释的倍数、间隔时间、年施次数等，不再赘述。这里专讨论把平常肥料施用的合适倍数，再扩大稀释3～5倍，每隔4～7天，随浇水浇施的淡肥勤施法。这样的“淡食多餐”要比原来的“浓食少餐”（有机肥100～200倍液，化肥2 000倍液，半月一施）既无肥渍之弊，又能常淡食不饿。生长效果自然更好。

## 四、菌肥的施用

兰株正常的生存与发展，取决于兰根这个“后勤部”的供应力。而兰根的新生与发展，却不像其他植物那样，种下三五天，便可长出新根来。兰株起码要有一两个月，才能长出新根来。有的种下半年有余，还不见新根。即使长出新根来，又极易因基质的酸碱度不适宜，疏水透气性不良，水肥不适，光、温、气调控不当而生病，还会遭受菌虫害的入侵而腐烂。由此看来，力避影响兰根健康生长的因素固然不可忽视，但首先得有根长出，才有呵护的对象。而要兰株尽快长出新根，往往依赖激素型促根剂的帮助，但是也常遇到促根剂促不出根而必须另找窍门。除了努力排除上述因素的干扰外，就应该从微生物与植物生长之关系与功能方面多想想。也许是由于基质的严密消毒，种植后又由于病害的发生而再多次施用杀菌剂，致使基质里的有益微生物消灭得所剩无几，基本上失去了微生物对肥料的转化，解毒、促进、拮抗作用。通过对比实验，给兰株基质添施生物菌肥，补充基质中的有益微生物种群，确有非凡的作用。

一般是在新上盆后，随浇施定根水时浇施一次生物菌肥，每隔1周浇一次，连续2～3次；每浇施杀菌剂后的7天，浇施1～2次。

常用于兰花的生物菌肥有：

①四川产“华奕牌”兰菌王。它内含全价营养元素，天然内源激素、兰菌群，是上乘之生物有机菌肥。据广泛地施用证实，确有不凡的促根、催芽和补充营养的作用。500倍液浇或喷。

②日本产新型微生物药剂EM（Effective Microorganisms）是日本比嘉照夫教授研制出来的一种新型微生物药剂。它是由多种对人有益微生物复合培养而成的多功能微生物群。具有能促进动植物生长、增强抗病力，改善生态环境的作用。据介绍，日本冲绳地区的职业养兰者，多数采用此药剂养兰。一般是，1 000倍液浇灌或喷施，每隔15天进行一次，连续3次。

③澳大利亚产喜硕。每毫升中含8 000万个活性菌。又有80余种天然微量元素、糖类、氨基酸、天然植物性生长激素等。具有提早生根、多次发芽、增大鳞茎、宽厚叶片，显现线艺、提早开花等作用。6 000倍液喷浇。

# 第六节　叶艺兰的莳养

叶艺兰是指兰叶上间泛有雪白、金黄、深绿、褐黑、褚红等色泽的边嘴、线段、点条、片块、画纹等各种华彩的线艺兰、水晶艺兰、图画斑艺兰之兰花植株。这些兰株叶，由于有了一定的艺色成分，其绿色的面积，就相应减少，因此光合作用的面积也就少，其光合产物也就比非叶艺兰少，营养积累也同样比较少。这也就致使它的叶质比较细嫩而薄软。随之，它的耐日灼力、抗干燥力、耐高热力、耐低温力、忍肥水渍力、抗憋闷力、抗污染力、抗病虫力等，都比绿叶兰低。尤其叶艺兰，易受宠爱、娇生惯养，其抗逆性更是日益锐减。其莳养的难度自然就比非叶艺兰大。

## 一、栽培方式

由于叶艺兰抗逆性较低，经受不起水渍、肥渍、高温、杂菌等的折腾，还是采取使用疏水透气性能强，又有隔热作用，且可日多次浇水降温，浇施肥药后，时间一到，便可用水冲洗掉，也少有杂菌污染的无土栽培最为合适。如是业余少量莳养的，多没时间精管的，可采用有土植料与无土植料各半混匀栽植。但植料一定要严格消毒，以减少隐患。

总体而言，传统的嘴艺、边艺和线艺性状最为稳定的中斑艺兰，比较可以采用有土栽培；对于那些高档叶艺兰和艺性尚不那么稳定的叶艺兰，还是以无土栽培为好，起码也要有土、无土植料各半混合种植。

## 二、光温调控

嘴艺、边艺、中斑艺等线艺因子很稳定的叶艺兰，可以与非叶艺兰一样的光照量管理。至于叶艺因子尚不够稳定的和高档的叶艺兰，应比非叶艺兰的遮荫密度提高5%以上。

叶艺兰的耐高温力和抗寒力要比非叶艺兰低些，最好是，生长期高温不超出30℃，以28℃为最佳。休眠期，日不低于12～15℃，夜不低于8～12℃为佳。

## 三、水湿管理

高档叶艺兰，既怕水湿过丰，也怕干旱太过。既应适时浇透水，又要避免把水浇至新梢叶心和叶鞘内，以防水渍害。

高档叶艺兰，对空气的相对湿度要求也较高些，除了盛夏金秋，应用湿水草覆盖盆面、悬挂盆缘以保湿（注意：湿水草勿靠近叶鞘）外，秋凉和冬季保温防冻时，也应注意空气的相对湿度要比非叶艺兰高些。

为了让高档的叶艺兰不至于因高热和高燥而使水分散失过快，出现生理障碍，可选用天津产的高分子保湿剂500～600倍液，加入稀释液的1%食用米醋，月喷施一次，具有良好地避免叶片脱水、促进萌动和返青等作用。

## 四、营养供给

叶艺兰，同样需要肥料。实验对比发现：和非叶艺兰一样施肥（同样的浓度、数量和间隔时间，但少氮或不偏氮，也限制镁、锰元素的供给）的，其长势与叶艺进化等方面明显优于不施肥或很少施肥的。千万别把叶艺兰当吃素的和尚看待。

我们要记得：氮素是叶绿的重要组成成分，镁元素是构成叶绿素的惟一金属元素，锰元素具有催化叶绿素合成的作用。偏施或多施了这三种元素，都有可能导致叶艺性状的退化。因此，无论是喷施还是浇施，都应少氮并不单独施镁、锰元素，最好少用或不用含有镁、锰的叶面肥。

有些地区，土壤中含镁元素较丰，有的人看菜农，常常补施镁、锰元素而效仿施予，有的常需施用含镁、锰元素的肥料。鉴此，在施肥中，应增高能提高氮、磷元素的利用率，又能有效地抑制镁元素吸收之钾肥的比例，以避免叶艺的退化。

## 五、分株繁殖

由于叶艺兰的抗逆性相对较弱，不宜掰散单植，通常以三代连体半分离簇植为宜，至少也要有子母代连体簇植。

至于新出艺的簇兰，为了阻止母株充盈的叶绿素对子株的传递而影响出艺株的继续进化，只要该出艺株有 2～3 段完整根，便可细心分离另植。也可以把其母株连体半分离另植。

# 第九章　墨兰的促控技艺

众所周知，世间上的生物都是随着生态条件的变化而变化的。不过它们的变化形式各异：有的隐于体内，有的露于体外。人们为了利用它的变化，让其更遂人愿，便对它的变化进行细致地观察、分析、研究，并实验对比。通过一系列的探索，其变化之奥秘便逐渐被人们所揭开，进而充分利用其变化的规律与方式，创育出了不少喜人的新品系。兰花园艺家在兰花促控中，发现了墨兰的可塑性要比其他地生根兰花强。其自然异化率也比其他地生根兰花高。因而墨兰的线艺品、水晶艺品、图画斑艺品、型艺品、奇蝶花、奇姿花、艳色花等都大大多于其他地生根兰花。正由于墨兰家族各类品系丰富多彩，魅力非凡，深受人们的倾慕，引来众多有心人，不懈地为之奋斗！可是大家却很少把已掌握的促控技艺进行交流。笔者愿将努力探索偶得之一鳞半爪和实践初悟，现丑如下，希望成为引玉之砖。

## 第一节　促根与促芽

根多而壮旺了，吸收水肥的能力就强，输送给养的功能也就强。株叶有了富足的给养，其呼吸、光合作用就强盛，其营养积累也就多，相应它的生殖能力也就强。如果株根少而弱，它的吸收、运输能力低，株叶便无从生长旺盛，就更无生殖能力。由此看来，根与芽，相对有着更直接的关联。因此，通常的促芽，多从促根着手。但是，如果株叶曾使用过抑制延缓剂的，就要先解除抑制而施用催芽术，方能有较好的效果。

不过，不管使用何种促根催芽的方法，都离不开应有的基础。这个基础就是：要有相对健康的根、茎、叶；要有基本适合于根生长需求的基质；要有适宜的光照、温度、湿度、通风和营养。有了这三个基础，一般都能正常地自然长新根，分蘖叶芽，分化花芽，开花结果。人们为了提高效益，需要其加快发展，而有了诱促的念头和做法。

### 一、原处诱促

①多代连体丛生的簇株，应改变其世代同堂、吃大锅饭的生活机制，建立起既分立而又相对有些许统一协调的竞争机制。即用双手的拇指与食指，分别捏住子母假鳞茎，两个拇指同时向相反的方向用力掰折，当掰至两株成90°角时，便可听到假鳞茎上的连体根状茎发出“嘶嘶”的轻微撕裂声，即止掰。其创口，选用些许广谱、高效的可湿性杀菌剂撒敷之，以防病菌从创口入侵造成腐烂。停浇水肥3天后浇施500倍液，四川产“华奕”牌兰菌王，或2 000倍液美国产佳兰宝加2 000倍液美国产促根生。每隔3～5天，浇施一次，连续3～4次，便可获得根旺、芽多的效果。

②在气温22～26℃时，选用具有极快生根、发芽效能的美国产催芽剂稀释2倍，用新毛笔或医用棉签蘸湿药液，点涂假鳞茎下部。也可选用胶头滴管、指头大的软塑料瓶、一次性注射器之一，吸取药液，点涂于假鳞茎基部。每周施药一次，连续3～4次，也可获得较好的效果。

## 二、起苗诱促

起苗诱促，对植株多少会有损伤，一般没有特地为促根催芽而起苗的。都是趁换盆分植时，同时进行的。

起苗后，洗净、清杂，接着对簇兰，按2～3连体掰拆分簇后，再对小簇兰株，进行半离体分离术。术后要进行灭菌消毒，半小时后捞起、洗净、晾干水分，再浸泡于2 000倍液医用阿司匹林溶液中30分钟；也可浸泡于3 000倍液美国产促根生、佳兰宝和1 000倍液催芽剂混合液中30分钟；还可浸泡于500倍液，四川产"华奕"牌兰菌王之中30分钟。（任选一种）然后上盆栽植。并用上述浸泡药液当定根水浇之。

## 三、孤茎诱促

孤茎，即完全无根、无叶之尚新鲜的假鳞茎。如果此孤茎染有病斑，应行扩创术，并用广谱、高效之杀菌剂涂抹创口，以防腐烂。其主要诱促程序如下：

（1）清杂消毒　把无根、无叶的假鳞茎，用洁水冲洗干净，剔除其枯朽叶柄、叶鞘和枯烂残根。如有病斑，应用消毒刀具扩创。清杂完毕后，浸泡于800倍液广谱高效杀菌剂稀释液加适量米醋之中消毒1小时后，捞出洗净。

（2）激活生长力　把经过消毒的假鳞茎，摊于阳光下（盛夏金秋，光照过强，应有半遮荫）翻晒3～5小时，以激活其生长力。

（3）药剂浸促　选用3 000倍液促根生、1 000倍液催芽剂，加稀释液量的千分之一的食用米醋，浸泡1小时；或选用500倍液兰菌王浸泡1小时，捞出种植。其浸泡液，可当定根水浇之。

（4）注射诱促　对于高档品种之无根无叶假鳞茎，为了提高生根催芽效果，可在药剂浸促后，每个假鳞茎分别注射0.1毫升促根生和0.1毫升催芽剂原液。其针孔用蜡烛油封严。

（5）高盆浅植，近似密封管理

A. 选用溪河岸边，含洪泥浆之沙壤土，拌入按体积比的1/3的蛇木屑、水草屑、稻根屑之一，经蒸汽消毒后为基质。

B. 选用经药剂浸泡2小时以上的高腰兰盆，用塑料碎块做垫层，填入基质至2/3盆高。逐一插上假鳞茎至半截。最后用浸促药剂稀释液为定根水浇上。

C. 用竹片或大号铁丝在盆面设拱，套上塑料薄膜袋扎紧（气温高时，应在四周刺7～8个小孔，以微透气）。置于70%遮阳网下，管理。每周揭开塑料袋检查一次，基质干了，则用500倍液兰菌王或2 000倍液促根生浇之。

## 四、保湿诱促

从用水浸透的种子发芽快，又从水仙花鳞茎，无水不发芽，水一浸，茎发多芽中得到启发，而对墨兰假鳞茎自秋季起，用鲜水苔松盖1厘米厚，以保适湿。冬冷，无采温防冻的兰场，湿水苔应拨离假鳞1厘米，且勿把水苔淋得湿漉漉，仅略喷润。春季，气温回升起，可对水苔逐步增大湿度，到无冻害可能时，湿水苔可逐步靠近假鳞茎，并每隔3～5天，选用花宝4号、兰菌王、催芽剂、促根生、佳兰宝、细肥激动素等，交替盆面喷施，并喷湿水苔。这样保湿促芽管理，可获得比无保湿管理的发芽率提高一倍的效果。注意，发芽期要常检查发芽情况，一旦发芽，湿水苔就应拨离假鳞茎1.5厘米，以防水湿渍烂嫩芽。另方面，水苔要新鲜的，才能保持疏松透气而不致于产生水渍害。

## 第二节　叶艺的诱促

叶艺的诱促，简称“促艺”。就是通过一定的诱促措施，使固有线叶艺可变因子的植株，缩短显艺进程而显现叶艺的一种园艺技艺。这种园艺技艺，涉及二十几门学科知识，是一种尖端的高新生物工程学，需要多学科的协作，也要依赖各种高级，甚至是尖端的设备，才能够系统地研究，科学地诱促、奇迹般地复制，或称转基因育种。本节所谈的诱促兰叶出艺之园艺技艺，历代兰花园艺爱好者和园艺家曾有不懈地探索，也获得可喜的成果，但多不宣。笔者对此几乎是一片空白，仅凭一股强烈的爱兰心，锲而不舍地、聚精会神地观察，翔实地记录，反复地推敲，大胆地猜想，败而不馁地实验对比，偶得了，尚不能算是初悟之初悟，汇成“诱导兰叶出艺八大法”，于1993年3月发表在《花木盆景》上，引来许多兰友的共同研讨，再近十年的实验探索，把它归纳成四大类，编入拙作《中国建兰名品赏培》中，现不再赘述，仅补充评介如下：

### 一、添素促艺

此法简单易为，确有实效。

从下山线艺兰多产于浅表有色金属矿山得到启示。在基质中拌入按重量比的10％～15％的白色高岭土、稀土、烧制瓷器的白石土之一二；或高山崩塌流出的，在阳光下能闪光之沙粒；或公路边坡上，含粗沙量大，握之能成团，轻抛一挡则松散的，红、黄、白、绿、紫、褐、黑色土相间杂的气沙土；或铁、铝、锌、金、银、石英等矿粉土。栽植。注意少氮、中磷、高钾施肥、不喷或少喷含有镁、锰元素的叶面肥。凡具有叶艺可变因子的植株，都可大大缩短显艺进程，逐年显艺。

### 二、光波辐射

兰架下，供兰室增湿用的水床，添加白色的滑石粉、食用黄粉，利用日光、灯光辐射兰株。如能长期坚持，也有效果。

### 三、电磁干扰

电磁波干扰诱促，虽不能立竿见影，但也确实有效，就是操作时间要长，贵在坚持。

## 四、化学诱变

化学药剂亚硝基乙基尿烷（NEU）、秋水仙碱等诱变，虽可较明显诱发基因突变，但它的毒性甚高，有致癌之弊，在防护程序上，不允许有丝毫的失误。不具备化学实验室条件的个人，还是不用为好。

## 五、营养促艺

此法安全可靠，尽可一试。

选用2 000～3 000倍液美国产高免疫植物营养剂艺之宝与1 000倍液日本产千旺活力素，每周喷施或浇施一次，既可使鼻龙开阔、背银微露的兰株早日现艺，也可使艺兰持续进化，还有促根、催芽、助长、促花、提高免疫力的协同作用。

## 六、除草剂促艺

从曾施用过除草剂的田边地角上发现，平行叶脉的杂草出大中斑缟叶艺，得到启发。经多次试验，确有成功之例，但各个品种、叶龄的耐受力与起动力不尽相同，既安全又有实效的浓度不易拿定，尚待摸索。

总而言之，除了最先进的转基因育种之外，其他的诱促技艺，一般只能诱促已现背银和有隐性线艺可变因子的植株，缩短显艺进程，而无法诱促不具线艺可变因子的兰株出艺。但是，如能同时采用几种促艺技艺，又定期交替使用其他促艺技艺，只要能较长期坚持，也许还可诱促个别遗传基因的突变，而奇迹般地出现叶艺、花艺齐辉的佳品兰。不过这种出现的概率不会太高。

# 第三节　促花技艺

通常的墨兰，开花力是很强的。一般有二三代连体簇植的，大都能应期献艳送芳。莳养得当的，当年新梢，也能如期开花。甚至连那素质好的无根无叶的假鳞茎，也会开花。但是也有自然形成和人为酿成的惰花种，相对较难开花。更多的是，由于管理不当而不开花。

养兰不开花，比养母鸡不下蛋，还要遗憾得多。因此，有必要探索促花技艺。

## 一、难开花的原因

**1. 生殖生长受抑制**　营养生长相对活跃而抑制了生殖生长，是植株不开花的主要内因。而生殖生长受抑制的情形有四个方面：

①原生地生态条件不利于生殖生长。花期进入产兰山野选采良种时，发现树大荫浓的林野里，兰叶浓绿，甚少见到开花。分别选采该地簇兰和邻地开花株回家同样驯化。开花株三代连体分簇培植的，年年应期开花，而浓荫地产的簇兰，三代连体分簇培植的，却要三年后，方偶见开花。

这就说明由于光照过少，几乎没有营养积累，无从生殖生长，而生殖生长长期受抑制，使它养成了生殖惰性。具有生殖惰性的植株，引种驯化、分株繁殖成的后代，相对较难开花。

②未开过花的实生苗所分株繁育成的植株，由于生殖信息遗传不全，相对较难开花。对比观察发现，它的开花要迟三年以上，其着花率也低得多。

③反复拆散繁殖，影响了生殖信息的完全传递，同样较难开花。常常是，为追求增株率而多创效益，花芽一出盆面就被摘除；年年秋末冬初，掰散繁殖，发芽率确实明显提高了，相应地，生殖生长就受到抑制。

④不断催芽促长，抑制了生殖生长。谁都想让自己培育的兰花，株繁叶茂，于是每于春季气温回升起，就频频喷浇兰菌王、促根生、催芽剂等具有促根催芽效能的商品液肥、叶面肥，同时也常施含氮量高的肥料，致使营养生长高度活跃而抑制了生殖生长。这是最普遍的不开花原因。

**2. 营养失调** 植株的营养一失调，生理功能就相应失去均衡，也就不可能为生殖生长打下良好的物质基础。没有必要的物质基础，也就不易开花。导致植株营养失调的原因有以下几方面：

①光照偏少。在南方，春夏阴雨连绵，难得有那么很少的几个晴天。又因线艺兰与非线艺同棚同样固定高密度遮荫，有的连冬季还是那样的固定遮荫。由于光照量少，光照时数也甚少，光合产物也就少得难以维持正常的生理活动的需要，更不可能顾及生殖生长。

②温度调控不当。严冬，防冻措施不得力，植株遭受有不同程度的冻伤。到翌年的春暖至初夏，刚有所转机，又遭受高温的熬煎而滞育。在有的地区，盛夏金秋的夜晚气温仍然十分高，植株白天的有限营养积累，几乎被夜高温、快速的呼吸而消耗光。这也在使生殖生长的物质基础趋少。

③干湿不当。无土栽培的，包括颗粒土栽培和粗植料栽培的，没有做到“宁湿勿干”，常因浇水间隔时间过长，浇水量不足，造成光合作用的主要原料之一的水不足，其光合产物自然就少。

还有就是空气的相对湿度常偏低。特别是水泥地板兰场、阳窗台兰场，风力大、气温高、光照也强，兰架又常偏高。更会使人忽视的是秋凉后，误以为光照较弱，气温也降低了。保持适宜的空气湿度工作往往被淡忘了。事实上，空气湿度偏低了，叶片的水分散失就快而大，叶片的生理功能就会失调，其营养积累也就势必锐减。其生殖生长的物质基础也就随之而薄弱。这与古代兰家告诫我们“秋不干”的道理相同。

④肥料比例不当。常为了提高生产效益，千方百计赢得秋季的又一次新梢生长期而多施氮肥和高氮叶面肥，忽视了与生殖生长相关的磷、钾、氯、钼、硼等元素的合理而适时的供给，导致营养生长过分旺盛而抑制了生殖生长。

⑤菌虫侵扰。菌虫的侵扰，斑痕累累，不仅光合作用面积减少，而且在侵害的同时也破坏了输导组织，排放毒素危害营养生长和生殖生长。

## 二、促进开花的举措

1. 调好基质，养好兰根，育壮植株。
2. 对照致因，力避偏颇，创好条件。

3. 把握关键，适时诱促，奠定基础。

叶芽是从芽的生长点分蘖而来的，而花芽是从花原基发育而成的。把握准花原基的形成期，抑制营养生长，诱促生殖生长，促进花原基形成，为分化花芽、伸莛排铃、献艳送芳奠定基础，是促进开花的关键。其具体做法是：

①小抑营养生长　当叶芽刚露出土时，选500～800倍液比久喷施一次，略为抑制或延缓营养生长，为生殖生长让路。同时又有利叶芽的长根和新株叶的短阔厚。

②施用生殖生长诱导剂　在施用比久后的第五天，选用上海产磷酸二氢钾与硼砂等量，800倍液、喷浇并举一次，隔5天后，再喷浇一次。

## 第四节　香气的促进

墨兰是隶属于清香型的地生根兰花。但它除了素心品系，奇蝶花和香墨之外，一般常见的品种，花的香气不是很富足的，尚且香气不那么清醇，有人说其略带檀香味。笔者觉得，普通墨兰的花香中，略带水果型之甜香。有何办法让墨兰的香气更富足些，更清醇些？这是每一位墨兰爱好者所梦寐以求的。现把笔者探索初悟分述如下，以供探讨：

### 一、花香欠醇的致因

普通墨兰的花香不够醇正，略带檀香型，或曰略带水果型之甜香味，它的致因是什么呢？笔者带着这个问题，多次趁采集良种之机，深入多处墨兰产区山野考察，发现墨兰常与香蕉、山枇杷、杨梅、梅、中华猕猴桃、山楂、梨、山柿子、杨桃、板栗等果木相邻而长。很可能是受其花粉的干扰所致。

### 二、花香不富足的致因

**1. 光照偏少**　墨兰是喜荫花卉，原生于荫被良好的山野，引种于80%以上遮荫密度的荫棚下生长，加上，南方的春天和夏天，又常是阴雨连绵。秋冬光照弱，多数还是照样的固定遮荫密度。如此看来，全年所承受的光照量不多。其光合产物也就不多，开花时，也就少有如达尔文所说的“多余物质的排泄”(即放香)。

**2. 昼夜温差小**　墨兰多产于日夜温差很小的东南地区。白昼有限的光合产物、被夜间温度高、呼吸作用快消耗得所剩无几。株体内，有机物质积累少，开花时，也就少有“多余物质”可以排泄，香气自然就少。

**3. 造香原料不足**　香气来源于糖。而株体内的糖来源于磷肥与钾肥。养兰者为了追求增殖率，常增加氮肥的比例，相对磷钾肥就较少。“巧妇难为无米之炊”，原料少，自然难有很多的香化产品。

### 三、促香的举措

**1. 适当增加光照量**　改固定遮荫为活动式遮荫，强光增遮，弱光少遮或免遮，以赢得更多的光照。

**2. 扩大昼夜温差**　白天的温度高，光照强，光合作用强度大，光合产物多，有机物质积累多。夜间气温如果低了，呼吸作用慢，消耗就少，相对有机物质积累多，就可以在阳光的作用下炼液为蜜，开花时排泄出体外，即放香。这也就是要把夜间的气温调控在比日温低6～10℃。

**3. 适当加大磷钾肥的比例** 磷素能提高作物体内糖的含量，钾素能促进作物体内碳水化合物的合成，增加作物体内糖的储备。有糖，才有可能溢香。

**4. 加强病虫害的防治** 菌虫害的侵犯，不仅减少了绿叶面积，从而减少了光合作用面，减少了株体有机物质的积累，而且菌虫害在为害时，也排放毒素，破坏干扰了株体造糖和储备糖，严重地影响了花香的排放。应防微杜渐，防治病虫害。

## 第五节 墨兰的花期调控技艺

墨兰的花期，处于气温日益下降的秋末和冬季。气温低，花的呼吸较慢，绽放慢，凋谢也慢。莛花期长达月余，盆花期可有季余。其整个家族的总花期长达半年。不过，每个品种都有其各自的特定花期。而每个品种也会因其生态条件的变更而有所异化，导致花期的变更，还可因光照、温度、湿度、气压和起苗、运输、生态环境条件突变、电磁射线的辐射干扰、菌虫害的侵扰等原因而变更花期。往往该开花时不开，不是花期又提前而开，给烘托节日气氛、庆典应展、交流销售带来诸多不便。因而需要探索墨兰花期调控。

### 一、花期调控的基础

1. 要有根旺株壮的连体植株。
2. 要有健康的花莛伸出。
3. 要有无病毒侵染，少菌虫害寄生的植株。
4. 要基本无因起苗，运输等外力损伤。

只有具备上述四个条件，调控技艺方能有效地发挥。若无花莛伸出，便无从调控花期。若没有另外三个条件，调控技艺再高，也难以奏效。

### 二、花期调控的措施

**1. 催前开花的技艺**

①变更生态条件 墨兰为冬花品系。冬季本为短昼、弱光、长夜、低温。而墨兰没有明显的低温春化要求。如果反其道，而采取长昼、短夜、高温的生态条件，便可提前一个月左右开花。

具体做法是：每当夜幕即将降临时，打开电灯照射3小时以上（每10米$^2$的兰场、距叶面2米高处，悬挂100瓦灯泡一个。日光灯没有热能，效果较次）。这样既延长了白昼，又控制了光照，也升高了3～5℃气温。

②追供营养 1 000倍液德国产植物动力2003；2 000倍液日本产爱多收；上海产磷酸二氢钾加等量硼砂1 000倍液；1 000～1 500倍液美国产花多多、花宝3号等叶面肥之二三种，交替喷施。

③激素诱促 当花莛伸出盆面时，用长条形塑料袋，剪去袋底，套上花莛，喷嘴伸

入塑料套内，向花莛喷施（避免喷及植株，引起疯长）3.33 万倍液（即 1 克粉剂加水 33.3 千克溶解）的赤霉素以促进花莛迅速伸长，花蕾迅速膨大。如果还要加快，7 天后可再喷施一次。也可用新毛笔或脱脂棉签蘸上述稀释液，点涂花柄基部、花蕾基部和花萼。如果还要加快，3 天后可再点涂一次。

也可选用 800～1 000 倍液美国产催芽剂，每周喷施植株、花莛一次，连续 2～3 次，可获得提前开花的明显效果。

④古代催花术　据清代陈淏子《花镜》载："几欲催花早放，以硫磺水灌其根，隔宿即开，或用马粪浸水浇根，花亦易开。"

**2. 延缓开花的技艺**

①诱促休眠　当花莛伸出基质面时，遮荫密度提高到 90%～95%，昼温控制 10℃以下，夜温控制在 5℃许。并节制浇水，不喷施叶面肥。以诱促其提早进入休眠期。

②施用延缓剂　当花莛露出基质面时，用长条形塑料套套住花莛，喷嘴伸入套内（以减少延缓剂喷洒在植株上）喷施一次 0.0005%（即 1 克药剂溶解于 200 千克水中）的 2,4—D；当花蕾呈小排铃时，再喷施一次。可以获得推延花期 1.5 个月的效果。

③解除推延　与"催前开花的技艺"中的"激素诱促"相同。

## 三、延长花期

**1. 调好生态条件**　遮荫密度以 70%～80%为宜；温度以不超过 15℃为宜；湿度以 60%～70%为宜。

**2. 防病杀虫**　由于兰花花朵常为食用或药用，故花期灭菌杀虫必须采用无污染防治。

灭菌可选用 2 000 倍液农用链霉素；2 000 倍液医用青霉素与链霉素混合；1 000～1 500倍液氯霉素针剂。

杀虫可选用 50 倍液医用风油精。

**3. 增加营养**　每隔5天，选用 1 200 倍液德国产植物动力 2003，或 1 500 倍液美国产花多多，或 3 000 倍液日本产爱多收，上述叶面肥之一喷施。但要注意：喷雾时，压力要足，雾点才能细；勿直接对着花朵喷射，以防花瓣负水滴之重量而改变花姿，也可避免因通风不良而渍伤花瓣。

**4. 施用保护剂**　花朵为肉质，其表面不像叶片有角质层保护。因此，花瓣中的水分极易散失，当供需不平衡时，便很快凋谢。由此看来，给兰花花朵设置一层很薄的保护膜，以减缓花瓣中的水分散失，对延长花期，具有不可低估的作用。

通常选用具有明显保水、成膜功能的天津产高分子化合物保湿剂 600 倍液喷施一次，便有良好的保护作用，可有效地延长花期。如与具有广谱灭菌功能的医用氯霉素针剂 1 000～2 000 倍液，再与含有丰富的蛋白质、多种有机物、无机物和微量元素的美国产生多素 1 000～1 500 倍液混合，便有杀菌、营养、保湿的多功能保护作用。

但是保湿剂的溶解较慢，且呈碱性，它的正确配制方法是：先用于保湿剂 20～50 倍量的 40～50℃温水搅拌、浸泡 12 小时后再搅拌成母液，然后加水至所需的浓度，再用广范试纸测试其 pH，如是偏碱，应加入食用米醋或冰醋酸，直至 pH 呈 5.5～6.5 之间时，方与其他欲混合之杀菌剂、营养剂浓稀释液混合，再稀释 500～800 倍后施用。

# 第十章 病虫害的归类辨治

兰之幽雅，既聚于花，也依托于叶。而兰之叶，只能从假鳞茎上长出一次，以后便不能再长。尚且，兰叶一旦受病毒菌虫侵染，即使是救治及时而不至于枯萎，但它那残斑，不仅无法医好而复原，而且总会有隐匿的病毒、病菌，还随着输导组织的运行而扩染至茎根，导致全株的死亡后，又广泛扩染。可以说，兰园一旦受病毒、菌虫污染，是很难干净、彻底地消灭它的。因此，要立足于防，处处防微杜渐，辨证施治，锲而不舍。

## 第一节 病虫害不易防治的原因

大部分养兰人，都会有病虫害难防治的感悟。现把病虫害难防治的原因，试分析如下，以作为提高防治效果的参考。

### 一、病虫原多

自然界里的生物，本来就是相生相克地维持了生态的相对平衡。由于各种资源的大力开发利用、森林的大肆采伐，土地复种指数的翻翻，地球的升温，电子原子的辐射，工业交通废气、化肥、农药、激素的刺激下，高速地繁衍和大量的适应性变异，其种原更是不可胜数。

### 二、扩散迅速

由于经济的高速发展，地区间、国际间的物种交流日益频繁。寄生于物种上的病毒、菌虫随之而大规模地扩散。它们又在共生和相互抗衡中繁衍出新的种群。

### 三、杜绝不严

海外一些不法兰商，采用偷渡的办法，瞒过海关检疫，把病毒兰和有菌虫寄生的病兰运往大陆倾销，导致大陆兰花病毒流行，新的病虫原不断增加。

在国内地区间的检疫，由于条件和技术等方面的不足，只是流于形式。

兰花爱好者，多数检疫意识不强，也不具备检疫常识。有的只贪廉价，不论种苗的健康与否。栽植前，由于怕麻烦，根本不消毒，即使有些人，想消毒种苗，又不知怎样消毒，更不知如何针对性消毒。有的虽也有药剂稀释液淋洒或浸泡，但没有针对性选药，稀释的浓度和浸泡时间等，都是大概而已。

## 四、客观温床

兰花生长需要较高的温度与湿度，培养者，常把养兰场所增温加湿，它客观上给病毒、菌原、虫害提供了良好的生态条件。

另外，由于可供养兰的场所有限，新的种苗不断引进，把兰场挤得水泄不通。给菌虫创造了隐蔽的场所，客观上，为其提供了寄生繁衍的温床。

## 五、形态特殊

兰根肉质，又与兰菌共生，不仅生长慢，而且极易因基质的酸碱度不适，疏水透气性能欠佳，水肥的质量、浓度、施肥的间隔时间欠妥，温度调控失当和菌虫害侵染而出现生理性、病理性的病变而腐烂，导致抗逆性下降、吸收输导功能低下，而影响药效的发挥。

兰习喜聚簇而生，紧挨而长。叶片斜立弯垂，交错遮掩。这不仅不利于通风透气，又给菌虫害提供了十分隐蔽的栖身、潜伏的场所，也不利于药剂的全面周到的布施。客观上助长了抗药性种群的不断形成。

兰之叶鞘（叶裤）层叠而生，紧裹叶基和假鳞茎，既易于淤积水肥药而渍伤叶基和鳞茎，而又阻挡了药剂的抵达，客观上也给菌虫害提供了安全的庇护所和继续大肆危害的桥头堡。

## 六、抗性锐减

由于为了促长，进行了调光、保温、加湿、避雨、增肥、用激素诱促，野生兰花的自然抗性锐减，给病毒、菌虫的入侵提供了可乘之机。

## 七、辨识不易

病毒、细菌、真菌、虫害的种类、名目繁多，且多数无形可鉴，其生存、繁衍的规律又常随着环境条件的变化而变化；其入侵的渠道也十分隐秘。尚且，连株体受其侵害的症状也随着时间和生态条件的变化而变化。有的变成肉眼难辨，要借助科学手段，又无条件，因此只能是按部就班式常规防治，多无法对症选药施治。鉴此，本章采用归类辨治阐述以提高辨证施治的可能性。

## 八、措施不当

一是对症选药不准确。不仅辨证不易，即使能辨准，也难有药效确切的相应药剂，多为名不副实的“万金油”。二是扑灭时机把不准，不知怎样依各类菌虫害的生活规律妥防早治，多是到了病症明显时，才引起重视。之后又没有一鼓作气、乘胜追击，而是按部就班，等待观望。三是药剂的浓度、混合、稀释不当，影响效果。四是施药草率，没有全面喷及。

## 九、防治意识淡薄

对病虫害的防治，常有缺少居安思危的防重于治的观念，往往被那些表面少有，或没有明显危机而掉以轻心。或者，以往虽有防，却因取不到比没有防的效果好而放弃防；或生怕处处设防而弄巧成拙；或者图省资、省事而不防。多数待到酿害成灾，才来亡羊补牢。

## 第二节　非侵染性病害

非侵染性病害，也称生理病害。它是由光照、温度、湿度、浊气、水质、基质等方面的不适宜而产生的生态性病象。营养元素的过丰与欠缺，农药、激素的浓度不当，也会出现病象。纯粹的生理病斑，它的背面在潮湿条件下没有霉状物和间有异色纹斑，因而大别于侵染性病害。

生理性病害，虽无传染性，在正常情况下，也很少发生，即使发生了，多数经纠偏后，可以恢复生机，但是它所造成的损失，有时却比侵染性病虫害更为惨重。即使是尚未造成惨重损失，也大大地减弱了植株的生长力与抗逆性，又为侵染性病虫原，提供了可乘之机。实不能掉以轻心。

### 一、生态性病害

**1. 日灼害**　墨兰原生于自然荫被良好的林荫地，养成了喜荫不耐日灼的生态习性。夏秋骄阳似火。如果遮荫密度不够，极易灼伤弧垂叶态的叶中段部分和叶艺。尚且强光会把盆体灼得发烫而烫伤处于盆壁之根尖。

光照过强，不仅会出现看得见的日灼害，而且由于光照过强，就会伴随着温度过高而出现滞育，影响了有机物质的积累，从而降低产量，也使老叶出现早衰。

**2. 少光害**　墨兰虽为喜荫性，但并非无需光照。新上盆的高档线艺兰，由于生怕光照灼伤叶艺体，而给高密度遮荫。还有盆花期长达季余的盆兰，长期被陈列于室内。植株原有的有限光合产物，被呼吸作用消耗得将尽，得不到应有的补充，也会因“饿”荒而早衰，老叶先枯黄，新芽迟迟不发，发了芽的，发育也十分缓慢。

**3. 水渍害**　水渍害的表现，大致有三个方面：

①基质疏水性能低，水渍而烂根。

②刚展叶的新株，水淋满叶心部，引起渍烂。

③未发育成熟的新叶，淋水、喷浇肥料后，通风不良，也会出现类似病毒斑的水伤斑。

初养兰者，往往把“兰喜润而畏燥”的“润”字，理解为常浇水、多浇水，把盆土浇成烂泥样、水渍烂兰根。所以有：“初养兰者，养兰失败，十有九，是死于浇水过多”之说。

**4. 干旱害**　干旱害是指供水不足，基质干白，根系没有水分湿润，但更多的是生怕浇水过多而导致水渍而烂根，常浇半截水，很少有浇到盆底中孔有水流出。仅是处于盆上部的根群得到水分的滋润，而处于深部的根，常常是望梅止渴，逼使叶、茎的自由水倒流回根系，引起生长不良或褶卷、萎蔫。

还有，无土栽培、粗植料栽培和颗粒土栽培的，保水性能低，它的供水原则，应是“宁湿勿干”有的是不了解这个特点，更多的是，业余爱兰者，没有时间常浇水，而常偏干太过，导致生长不良。

**5. 冰冻害** 墨兰是喜温暖而忌严寒的观赏植物。冬季气温低于2℃时，尚未发育成熟的嫩叶，将出现脱水样皱卷的冻害。基质偏湿的，气温处于0℃上下时，就有部分兰根和新梢被冻伤，低于－4℃时，几乎全军覆没，连假鳞茎也被冻烂。

墨兰的休眠期，白天以12～15℃、夜间以8～12℃为最适宜。低于5℃时，就应考虑采温。应避免低于2℃，因为低于2℃，将会出现不同程度的冻害。即使未被冻死，其轻微的冻伤（部分兰根被冻伤、新株出现焦缘焦端，老株出现冻斑），尽管再采取措施，促进恢复，也要有3年的时间，才能复壮。

**6. 高温害** 墨兰既不耐严寒，也不耐高热。30℃以上就趋于滞育，35℃时，将完全滞育，38℃时，未成熟株，出现萎蔫；成熟株出现早衰，老叶逐渐枯黄。

另外，日夜温差少于5℃的，夜间呼吸过快，白昼光合作用的产物被消耗过多，积累过少，在较长时间无光照时，不仅得不到补充，还要继续维持消耗，当积累空虚时，植株便出现早衰，也影响了当年的开花和翌年的发芽。

**7. 酸碱害** 养兰的植料，虽经测试和改良（无土植料一般不存在偏酸偏碱的问题），但还可由于水肥质地的因素，而出现偏酸或偏碱。偏碱的，老叶先黄、逐渐枯落，嫩叶生长停滞，日趋老化死亡；偏酸的，嫩叶、老叶同时由浓绿转淡，继而下部叶片先衰黄，进而全簇叶片黄化，根群发黑，新根无法长出，生长停滞。必须尽快更换基质或改良。

事实上，不仅是北方地区之水含有盐碱物质，就是南方地区，也有来自石灰岩之偏碱水。肥料也有偏酸偏碱的存在。因此，浇兰之水，应事先测定其酸碱度。肥料勿偏施。

## 二、营养性病害

营养性病害，即营养缺乏或营养过剩所出现的长势衰弱或畸形。

科学研究和实验观察表明，植物所需要的营养是多方面的，只是有些需要量多，有些需要量少。过分偏多或偏少，或长时间偏多或偏少，自然就会由于营养失去相对平衡而导致生理功能的失调，出现的生长不良或生长畸形。再从各种营养元素的性能来分析，它们虽有各自的独特性能，但也往往是孤掌难鸣，因为作物对各种元素的要求是有一定比例的，而且它们在作物体内的新陈代谢过程中，又是互相制约、互为条件的。如果偏施、单施、多施、久施某一种元素，将会导致比例失调，代谢紊乱而出现生理病症，影响生长。

通常依植株各个生长期，适当调整各种元素的比例施予，又间或、交替喷施几种叶面肥的，不至于产生营养性病害。至于有土栽培的，也可因土壤中本来缺乏某些元素，由于不方便测定，而无法补缺，在植株生长中表现出的缺素症。

## 三、药剂性病害

农药和激素，虽有其利，但也有其害。如：含铜制剂，虽有杀菌广谱、疗效高、又不易产生抗药性的积极一面，但也有在高温时施用和经常施用，易产生烧叶尖、焦叶缘、根系生长障碍、吸收、运输功能失调而影响全株均衡生长的消极一面。

含有铜、锰、锌、铝等金属制剂的杀菌剂，属碱性农药，施用时，常添加洗衣粉之类的展着剂。使其粘附于叶片上，形成密密麻麻的药斑、而减少了绿叶面积，堵塞了气孔，也易导致焦叶尖。

含有硫成分的农药，既会造成硫元素的累积，超过其忍受之临界线而使根系的吸收功能失调，引起营养障碍，也会因其残渣大量滞留叶片，影响株叶的光合作用、呼吸作用、蒸腾作用而降低了植株的品级和产量。

用于促控的激素，同样有它的两面性，在剂量和施用时间、时期、方法等方面，掌握得适当，便可取得预期的效果；略有偏激和疏忽，就会引发灾害。

好像施用生长促进剂赤霉素，如没与磷酸二氢钾混合，将会导致疯长，使叶片软弱不支，散乱如蓬，抗逆性减弱。

施用生长延缓剂矮壮素、多效唑、比久等，浓度过大或用其浇根，均会出现根系生长不良，叶片发育迟缓，甚至起墨疔，焦叶尖等毒性反应。应选取允许浓度进行叶面喷施，不要浇根，别多次使用。如出现延缓剂药害，应起苗、更换基质，施用促进剂解除延缓毒性，喷施植物动力 2003 予以抢救。

## 第三节 菌病害的按斑色归类辨治

菌病可分为细菌病和真菌病两大类。它们的传播的媒介与途径，入侵的方式与部位，寄生的形式与处所，为害的顺序与性状，斑块的形状与色泽，危害的程度与后果，气味之有无等，既很相似，而又有差异。有的几乎一样，差异甚微，给肉眼辨识带来了极大的困难。正是由于辨证难，就谈不上什么对症下药。必然就是，发现病斑就喷杀菌剂。不是老是用哪几种杀菌剂，就是听说哪种杀菌剂好就试用哪种，或者是新到什么杀菌剂就买什么杀菌剂。这样盲目用药，仅是偶然对症，多数是不仅白费资金与劳力，而且还导致抗药种群大量增多，给防治带来了更大的困难。余带着菌病害辨证难的问题，进行了不懈的探索，悟出了依病斑的早期色泽辨证的尝试，也许会对辨病施治、对症下药、提高防治效果有所参考。

### 一、黑色斑类病害的辨证施治

黑色病斑类病害辨识表见表 10－1。

**表 10－1 黑色病斑类病害辨识表**

| 病症 项目 ＼ 病别 | 真菌性黑腐病 | 细菌性软腐病 | 疫　　病 | 黑 斑 病 |
|---|---|---|---|---|
| 病　　原 | *Pythium uhtimum* | *Erwinia carotouora* | *Phytophthora*；*Pythium uttimum* | *Cylindrosporium* sp. |
| 受害部位 | 新株中心叶之叶背 | 幼叶基部 | 成熟叶中段叶缘，也有先从叶端、叶基开始，更有根、茎、叶、花同时受害 | 叶片中下部 |
| 斑　　色 | 初期为湿性褐色斑，周边黄色，逐渐转为暗褐色或黑色 | 湿性褐色或黑色 | 初期为湿性深绿色 | 深褐红色，逐渐转为黑褐色 |

（续）

| 病症项目＼病别 | 真菌性黑腐病 | 细菌性软腐病 | 疫病 | 黑斑病 |
| --- | --- | --- | --- | --- |
| 斑形 | 不规则 | 小斑点，逐渐扩大至全叶 | 条片状 | 小斑扩大成近圆形，在叶缘的为半圆形 |
| 扩染方式 | 受感染之叶片日益枯黄直至脱落，接着扩染至假鳞茎、幼芽、根、花，最后全株死亡，扩染邻株 | 可扩染至叶鞘、母株的假鳞茎，芽生长点。叶斑扩大连成片后，叶片上部呈脱水样褶皱 | 受害部位之上部组织，因输导组织被破坏，相继枯黑 | 使病斑上段变黄而枯落 |
| 气味 | 无 | 斑体的水分有恶臭味 | 无 | 无 |
| 发病季节 | 春末至夏季 | 初夏 | 仲春至夏季，以初夏最严重 | 春暖后至早冬 |
| 发病条件 | 高温高湿、通风不良，偏施多施氮肥，尤其施硝态氮 | 阴雨季节 | 高温高湿 | 高温高湿 |
| 主治药剂 | 含铜杀菌剂、可杀得2000、卡霉通、氯霉素等 | 农用链霉素、医用氯霉素、可杀得2000 | 含铜杀菌剂、可杀得2000、瑞毒霉、福美双、卡霉通、氯霉素 | 可杀得2000、百菌清 |

这四种病菌，既可危害绝大多数作物，也在危害各类兰科植物。它们虽然是病原各异，但有五个相似的特点：

①病斑的色泽，均为褐色或黑色。

②都在春暖后的高温高湿条件下发病，尤以夏季发病最严重。且多在遮荫太过，陈列拥挤、通风透气不良和偏施氮肥的条件下，开始为害。

③尽管它们最初的为害部位不一，但它都随着株叶的输导组织的运行而扩染全株，致使叶片枯黄脱落并危害邻株。

④它们都可因各地的生态条件、管理方式和其他菌虫的交互侵扰，而使发病的时间、部位、斑形、斑色等，有所差异。

⑤它们的病原，多在根、茎、叶的残体或基质里越冬。可随浇施水肥而扩大侵染范围，也可由昆虫、手、用具的接触而义务为其传播。

**（一）综合治疗药剂**

此类病害的防治以铜制剂为最佳。常见的铜制剂有：波尔多液、绿乳铜、奥地利产铜高尚、美国产可杀得101等。尤以美国固信公司20世纪90年代中期开发成功的最新一代细菌真菌并杀的广谱杀菌剂可杀得2000的1 000倍液。它具有高活性6碳铜离子，能进入细菌、真菌细胞内，将其杀死，而不能进入植物细胞内，为最安全而又不产生抗药性的铜制剂。为当前疗效最好的无公害广谱杀灭真菌细菌的铜制剂。

可杀得2000虽然是对上述四种病害均有很好的疗效，而又不会产生抗药性，但也要防止因长期使用，铜微粒沉积而有碍兰株的生长而出现生理病害。因此，应考虑与其他药剂交替使用。如在春暖后，需要预防性施药，可选用1 000～1 500倍液医用氯霉素针剂、500倍液78%的科博可湿性粉剂等。

**（二）针对性显效药剂**

在发病时，如能准确辨认病害种类，自然应该对症选药，既可获得更好的疗效，又可避免单用、常用铜制剂而引起的生理病害产生。

①真菌性黑腐病　可选用600倍液64%卡霉通，2 000倍液世高、1 000倍液32%克菌乳油等。

②细菌性软腐病　可选用2 000倍液农用链霉素，1 000倍液医用氯霉素针剂。

③疫病　可选用700倍液卡霉通、400倍液疫霜灵、600倍液炭疫灵、600倍液霜露速净等。

④黑斑病　可选用1 500倍液甲基托布津、1 200倍液普菌克等。

此类病害，如是偶有发生，除了选用对应药剂或统一防治药剂全面喷施防治外，对于精品的病斑，可选用西安杨森制药有限公司产的达克宁，重庆“华邦牌”的必伏、内蒙古产的皮炎平、广东顺德市顺峰药业有限公司产的复方咪康唑软膏等之一，局部双面涂抹。如是病菌已扩染至根系的，或为了提高疗效，欲从内治配合的，可用20℃温水于药膏量之50倍许，搅拌溶解，淋施株根，可获得更显著的疗效。

## 二、赤色斑类菌病害的辨证施治

赤色斑类菌病害辨识表见表10－2。

本类菌病害，同样有真菌性和细菌性两类。它的危害程度并不比黑色斑类病害低，同样会导致全株死亡。其中最令人烦恼的是赤斑（褐斑）病、烧尖病和锈病。它们多从叶背入侵为害，早期，没有翻检叶背，不易发觉，待到叶面出现病征，早发病的病斑，其粉状孢子已撑破孢子团而随风四处飘扬扩散，非常难以根除，要有二三年的彻底清除和消毒，才能控制病情。一旦放松防治，还会卷土重来，危及整个兰园。

该类病害的防治药剂，当首推：于冬季，在停用乳油药剂30天后，不喷其他碱性药剂，只喷一次0.5波美度的石硫合剂；春季气温回升后，喷施800倍液多硫悬乳剂（多菌灵与硫磺复配剂灭病威）每隔7天喷一次，连续3次。其常规的保护性杀菌剂很多，效果较好的有代森锰锌、灭菌丹、克菌丹、百菌清等。

该类病害的治疗药剂，当首推铜制剂。显效的有：600倍液铜高尚、绿乳铜、可杀得。其中又以美国产1 200倍液可杀得2000为上乘。

其针对性的显效治疗药剂有：

①炭疽病　以1 500倍液德国产施保功每隔7天喷施一次，连续2次。可收到立竿见影的特效。

②赤斑病　500倍液1%波尔多液，700倍液多菌灵，2 000倍液四川产“华奕牌”高效复合杀菌剂花康2号。

③烧尖病　800倍液苯菌灵有显效。

④锈病　800～1 000倍液粉锈宁、400倍液萎锈宁、100倍液2%抗霉菌素120。

⑤细菌性褐腐病　2 000倍液农用链霉素、医用氯霉素针剂。

表 10-2 赤色病斑类菌病害辨识表

| 项目＼病症＼病别 | 炭疽病 | 赤斑病 | 烧尖病 | 锈病 | 细菌性褐腐病 |
| --- | --- | --- | --- | --- | --- |
| 病原 | *Collectotn chun* | *Cylindros porum* | *Botrytis* spp. | *Vredo japonica* | *Erwinia cypripedii* |
| 受害部位 | 叶片、萼片、花瓣 | 叶上部表面 | 叶尖背部 | 叶背缘入侵、上段叶背常受害、下段叶背较少受害 | 叶片 |
| 斑色 | 初为红褐色或黑褐色，后转为暗褐色或灰色 | 初为黄色或红褐色，后转为黄褐色或紫黑色 | 黄色或铁锈色 | 含黄、橙、锈色或紫黑色 | 初为湿性浅黄色，后变为栗褐色 |
| 斑形 | 初为点状，后扩大成不规则的圆形轮纹斑 | 圆形或不规则小斑，斑背面有疱状凸起 | 初小芝麻小点凸状物，后逐渐增多，密连成片点 | 凸起小疱点，逐渐发展，密连成片块状 | 小斑点下陷 |
| 扩染方式 | 病菌存活于残体上，春暖后分生孢子。生长期可重复侵染 | 病菌存活于残体上，多从创口入侵为害，温室可重复侵染 | 黄色孢子团撑破后，可随风四处飘扬，重复侵染，为非常难治的病害之一 | 病菌由叶背缘入侵，叶面缘发病、锈点密连成片，累及全叶而枯落。老叶也可发病 | 由老叶扩展至新叶，直至全株死亡 |
| 发病季节 | 7～8月发病较重 | 6～9月发病，7～8月最严重 | 秋末至冬季发病，翌年4～5月再次发病 | 冬季 | 春末和夏季 |
| 发病条件 | 高温高湿 | 高温高湿通风不良 | 气候干燥时扩散，高温高湿时发病严重 | 冬季低温，基质过分潮湿，通风不良 | 高温高湿 |
| 主治药剂 | 德国产施保功 | 多菌灵、代森锰锌 | 苯菌灵 | 粉锈宁、萎锈宁 | 农用链霉素、医用氯霉素 |

## 三、灰白色斑类菌病害的辨证施治

灰白色斑类菌病害辨识表见表10—3。

其实能致使兰花株体上呈现灰白色斑的菌病害不止白绢病和根腐病两种。如白锈病、白粉病、白星病、白腐病和虫害白粉虱等，也会通过风力和昆虫的传播，而扩染至兰花上的。有的地区，曾有发现过，但尚属少见，故不列上。

白绢病是世界性的兰花病害，被称为毁灭性的难治病害。根腐病也同为毁灭性病害，只是较易控制而已。白绢病虽可通过调整基质的偏酸太过而有效地控制其繁衍为害。这只能是，有一定的预防作用，并不能杜绝病原。根本的办法，还是消灭病原。其常用的药剂有1 000倍液17%井冈霉素，1 000倍液可杀得2000。以500～1 000倍液医用氯霉素针剂，淋透全盆基质，每日施药一次，连续2～3次，为显效。也可淋浇株基和基质。

也可选用100倍液达克宁淋透基质，并局部涂抹，每日2次，连续3～4次。可控制病情的发展和保住病株。

对少量植株患病，可以起苗洗净、吹干或晒干水分，把株基和根系掩埋于石灰粉中一日后，洗净石灰粉，晾干，用消毒过的新基质重植，也可控制住病情。

根腐病，除了兰镰孢菌最常侵染之外，还有黑腐菌、白绢病菌等真菌和细菌，在入侵、寄生、扩染而致使兰根腐烂。因此，当春季气温回升后，便要选用细菌、真菌并杀的药剂稀释液淋透基质一次，夏季再淋透1～2次，以预防之。

其防治药剂有：

①500倍液乙磷铝与500倍液多菌灵混合淋透基质。

②600倍液代森锰锌淋透基质。

③在无日光时，选用600倍液敌克松淋透基质。

④1 000倍液绿邦98淋透基质。

⑤500倍液福美双淋透基质。

⑥800倍液根腐宁淋透基质。

治疗，还是选用500～1 000倍液医用氯霉素针剂淋透基质。无论是细菌性还是真菌性根腐病，都有显著疗效。

**表10-3 灰白色斑类菌病害辨识表**

| 病症 / 病别 / 项目 | 白绢病 | 根腐病 |
|---|---|---|
| 病原 | *Sclerotium rolfii* | *Fusurium bataratis* var. *uanillae* |
| 侵染部位 | 叶基、假鳞茎、根基 | 根部病株呈现干枯状，叶边缘向内卷 |
| 斑色 | 白色至赤褐色 | 白色或淡灰色 |
| 斑形 | 绢状，四面扩展 | 整段或全条根 |
| 扩染方式 | 无明显冬冷地区，以其菌丝在未完全腐烂的残体上越冬。先在兰颈部发病，进而扩染至假鳞茎基部 | 由少量根先发病、逐渐扩染至全部根，直至全株死亡。簇兰中之幼株，常首先被为害 |
| 发病时间 | 4～5月侵染，6～8月大发病 | 春季和夏季 |
| 发病条件 | 以偏酸（pH5.3以下）的基质之条件下，发病最为严重<br>高温高湿、通风不良 | 基质过分潮湿 |
| 主治药剂 | 500～1 000倍液医用氯霉素针剂 | 500倍液乙磷铝与500倍液多菌灵，分别稀释后混合，浇喷并用；500倍液医用氯霉素针剂浇根 |

## 第四节 病毒病害的辨识与防治

最常侵染国兰的病毒病原，有国兰花叶病毒（Cymbidium mosaic virus）、国兰环斑病毒（Cymbidium ringspot virus）和兰花小斑病毒（Qrchid fleck virus）三种。

受病毒病原潜伏侵染的国兰株叶，所出现的病征并不完全相同，可因病原不同、寄主种类不同、生态条件不同等而有所差异。有的病征在叶基，有的病征在叶中段，有的病征在叶端，有的病征在叶缘，有的病征在叶主脉间。病征的范围也不尽相同：有的仅有一丁点，有的呈现一二片块，有的一整段叶，也有的密布全叶，有的株仅一片叶有病征，有的是二片叶或全部叶都有病征。病征的形状也不尽相同：有的呈条形，有的呈片块状，有的近似不规则的弧环状，有的仅有一种形状，有的具有两种以上形状，但多数是呈条形斑。不论它出现在哪个部位，数量多与少，形状各异，都有8个共同的特点：

①斑的边界不明显，常如墨水滴进卷烟纸呈现散开状的扩散。

②斑体的正反面不错位。

③斑体变薄，呈失绿样透明。

④变薄而透明的斑体没有异色点缀，均为单一色的白色透明体。

⑤病体邻近的叶缘，必定有不同程度的萎缩、褶皱、反卷。

⑥紧挨斑体的叶面也有不同程度的脱水样褶皱。

⑦晚期，斑体有明显的凹陷，并夹杂有日灼样焦灼斑。

⑧随着斑体的日益增多，脱水的加重，组织的相继坏死，全株便枯萎而告终。

上述这些在兰叶上显现出的病毒征，只要把它提至视平线上，对着亮光透视，便可发现。难发现的是，尚未显现病毒征的潜伏病毒，它无形无色可鉴，要在电子显微镜下才能检出。一般的个人，多不具此检测条件。因此，应尽量不引种来自病毒流行区的种苗。为了减少损失，凡是引进种苗，均应用抗病剂消毒，并预防治疗一个疗程，以后每季施药一次以巩固疗效。

至于病毒病害的治疗问题，到目前为止，普遍认为无药可治，被判为兰花之癌病。笔者认为，并非绝对无药可治，而是尚未找到根治的药剂与方法。其实，生物科学家和兰花园艺工作者，都在极力探索治疗的方法。笔者对此也从几个方面探索，已初步摸索出一些具有近期控制的防治法，现聊叙如下，借以抛砖引玉：

## 一、提高植株抗病毒力

①采用经消毒的腐殖土与无土植料各半栽植，注意添加生物菌肥，育壮根群，与健康种苗同样施肥。冬春全光照，夏秋半遮荫管理。为防止昆虫义务传播病毒，用白色沙网封闭病兰。

②每月或两个月喷施一次高级植物营养液，1 200倍液德国产植物动力2003；每季喷施一次，能作用于植物的遗传基因，生成多种与植物抗病有关的蛋白质，以阻止病原物的入侵、扩散，并杀死或抑制其生长的医用阿司匹林（乙酰水杨酸）以共奏提高抗病毒力，达到扶正以祛邪的目的。

## 二、药剂治疗

①可选用经对比发现药效领先的植物病毒高效抑制防治剂病毒必克（可与其他酸性农药混用）500倍液为主，以植物新型抗病毒除霉助壮剂——病毒K的1 200倍液为辅。

②也可选用具有清热解毒功能的中药材：如板蓝根、大青叶、金银花、贯众、黄芩、枝子、一见喜、圣休（七叶一枝花之地下茎）任选二三味等量组合，用50倍于药材量的清水浸泡12小时后，滤出药渣，再用100倍于药渣量的水煮至成半量的药液量，去药渣。把浸出液与煮出液混合，稀释20倍，淋透基质。

两种药剂交替使用，浇喷同时并举，既可喷浇异药，也可喷浇同药，每种药剂、使用3次后，更换一种药剂。每周一次，连续一季后，改为每半月一次；连续一季后，改为每月一次；续一年后，改为每季施药一次，长期坚持治疗。如能坚持每季浇喷一次，早期病毒斑可复绿，未出现病毒斑的，不再出现病毒斑。

## 第五节　虫害的归类辨治

常危害兰花的虫害，虽然种类不多，但危害的程度却十分可怕，有的仅短短十几日，便可酿成全军覆没的惨相。这并非危言耸听，而是确有其事。像介壳虫，在高繁殖期，只要有周余的时间，便布满整个兰园，致使全园兰株死伤枕藉。有的人认为：虫害，看得见，扑灭容易，不易成灾，并不可怕。其实不然。有些虫害，不仅扑灭不容易，潜伏寄生的，可以重复侵染，旬日成灾，而且又会义务地传播菌病害和病毒病害，决不可掉以轻心，同样要防重于治。现依防治方式之不同，分五类简介如下：

### 一、蜡质类害虫

危害兰花的害虫中，能分泌蜡质的有介壳虫和粉虱两种。它们寄生隐蔽，年可繁殖多代，在高温高湿的条件下，短时间内便可形成庞大的群体，只要旬日，便可让全园盆兰死伤狼藉，惨不忍睹。就是入侵、寄生、数量不多的，又未达高温高湿期的，它们的第一代若虫，在叶背吸取汁液的同时，也在分泌甜味物质，招引蚂蚁，诱发烟煤病等。

这种蜡质类害虫并不可怕，但在战术上，还需重视它。那就是，一定要把握住5～6月份的若虫孵化期，当其尚未形成蜡壳时，选用具有杀卵性能的药剂，每喷桶稀释液再添加100～150克食用米醋，以增强其渗透功能而增强杀灭力，全面喷湿植株的各个部位，并淋透其最易隐匿之基质、兰架和场地，便可使其全军覆没。如果介壳虫多的，最好要再加用药剂稀释液浸盆，处于盆外底和盆外壁的介壳虫，才能一同被杀灭。

杀灭介壳虫的显效药剂有1 500～2 000倍液的江苏产之蚧死净；深圳产之蚧杀特、扑杀蚧等，也可选用台湾产的毒丝本或铁灭克15%颗粒剂埋施于兰盆缘，让兰根吸收、运输至株叶各部，使介壳虫在吸取叶汁时，中毒而死。

白粉虱，成虫体长1毫米左右，淡黄色，翅面覆盖白色蜡粉，外观为白色的小蛾子。卵长椭圆形，长0.2～0.25毫米，刚产之卵为淡黄色，后变为黑色，卵有一小柄，以小柄附着于叶片中段叶背上，形似朝天的小米椒。幼虫虫体卵形、扁平，淡黄色，透明，表面具有长短不等的蜡丝，两根尾丝稍长。蛹椭圆形、扁平，中尖略高，初为乳黄白色，近羽化时为黑色，蛹体周围有长短不等的蜡丝。它群集于叶背、吸取叶汁、分泌蜜露、诱发烟煤病，年可繁殖10代以上，世代重叠，危害严重。防治较难。

杀灭白粉虱的显效药剂有2 000～2 500倍液的25%溴氰菊酯乳油，25%扑虱灵、蚜虱绝、稻虱绝等。

### 二、爬飞类害虫

爬飞类害虫包括：被称为花卉大敌之一的红蜘蛛；常为害叶芽、嫩叶、花芽、花莛、花蕾、花瓣的蚜虫；蚕食叶肉的潜叶蝇；吸食叶汁，残留下小白点的蓟马等。它们体形虽小，但繁殖极快，数量如同成群结队的蚂蚁群，不仅大量蚕食叶肉、刺吸叶汁、排放毒素，致使叶片细胞干枯、坏死，还传播菌病害、病毒病害，非同小可。

防治该类虫害的无污染药剂是，冬春选用8～15倍，夏秋选用20～25倍液的松脂合剂，扑灭之。其显效药剂是2 000～2 500倍液的风雷激、虫卵绝、扫灭利等。也可选用四川产“华奕牌”高效复合杀虫剂花康1号2 000倍液喷施。其杀灭效果不错，尤其适用于家庭观赏性养兰的杀虫。

## 三、蠕动类害虫

蠕动害虫是指：蛞蝓、蜗牛等软体蠕动害虫。它们白天躲在阴暗潮湿处，不易被发觉，夜间出动，啃食幼芽、嫩叶、幼根和花朵。它们所爬行过的地方，都留下白色黏性透明分泌物，既堵塞叶孔，也易诱发病害。也应及时扑灭。少量的，可以选择阴雨天和夜晚人工捕杀；量大的，可在盆面和场地疏撒商品颗粒药剂蜜达以杀灭，也可在兰场撒施石灰粉以杀灭，还可用广口瓶盛少量啤酒，分陈四处，诱其入食，以醉灭之。

## 四、地下害虫

地下害虫，包括致使兰根结瘤，也致残叶与花的线虫；夜食幼芽、嫩叶的地老虎；蚕食根皮、根尖的蚯蚓和能在兰盆中筑巢传播病害的蚂蚁等。

依线虫是在土壤中越冬，又是从根部入侵寄生的生活方式，因此应重视对培养基质的消毒。其经济实效的消毒法是反复暴晒干白培养基质。也可选用1 000倍液40%氧化乐果或200倍液80%溴氧丙烷乳油，淋湿基质，用塑料薄膜盖严熏蒸三五天后，掀开摊散，让药味其挥发后使用。少量的基质，可用高压饭锅高温消毒，或在每50 000克培养上中拌入250克5%甲基异柳磷颗粒剂以防治之。

地老虎，可选用800倍液50%敌马乳油（敌抗磷）喷施盆面、畦面以杀灭之。也可选用600倍液80%敌百虫可溶性粉剂喷湿嫩菜叶碎片，撒施于畦地面，盆面，诱其食用，使之中毒而死。

蚯蚓，可选用800倍液甲基异柳磷乳油淋灌场地，或在场地上，密撒一层，茶油、桐油渣饼碎之后，铺上基质栽种，基本上就可避免蚯蚓的危害。如是兰株畦地、盆兰，发现有蚯蚓为害的，同样可选用既有良好杀灭效果，而又有有机肥的茶油渣饼浸出液50倍液淋透，蚯蚓即从土壤里钻出地表，即时人工收集处理。

畦兰或盆兰、如有蚂蚁寄生的，可选用1 000倍液50%敌百虫乳油，淋透畦地、浸透兰盆以杀灭之。但为了减少药剂对兰株的刺激，可选用花生米碎膏、砂糖等量为诱饵拌入1/10量的80%敌百虫可溶性粉剂，撒施诱杀之。

对于地下害虫，可选用3%呋喃丹（克百威）颗粒剂撒施，每平方米用2.25～3克，对线虫、地老虎、蚯蚓、粉蚧等多种害虫，均有很好的杀灭效果。

## 五、卫生害虫

卫生害虫中的苍蝇、蚊子，虽没直接危害兰株，但四处飞舞、栖息、爬行，既排泄粪便污染叶片，又义务传播菌病害。主要是加强兰场和周围的环境卫生工作，与此同时，在兰架下疏撒灭蝇颗粒剂，喷施灭害灵、设置粘蝇纸，傍晚使用电蚊香驱除蚊子。高档兰，最好设置钢纱网，以阻止其入内。

另一个卫生害虫蟑螂，它可从盆孔钻入基质中，蚕食味甜质嫩的兰根尖，同时也在义务传播病害和病毒。可用杀蟑螂药剂撒施于场地上。也可使用“灭害灵”喷施于兰架下和兰场通道上、杀灭之。

## 第六节　菌虫害的无污染防治

兰花为高雅的观赏植物，常被陈列于廊道、客厅、卧室、书房、案头、茶几上观赏。若是使用药剂防治病虫，小孩和伴侣动物偶尔接触，恐会中毒。还由于兰花的根、茎、叶、花、果都是良好的药材，花也常入馔，其兰膏又可供人吮吸。为了不至于影响人的健康，应该采用无污染防治病虫害。至少在把盆兰移入室内观赏前、采收药材和入馔材前的15～20天，不用有污染的药剂扑灭菌虫害。家庭观赏性少量莳养的，也应采用无污染防治菌虫害为好。

### 一、打好无污染防治的基础

无污染防治的药剂，毒性小，杀伤力相对弱得多，如果是菌虫、病毒蜂拥而至，无污染药剂几乎无法奈何它的进攻。因此，要首先打好无污染防治的基础，即防微杜渐，把菌虫害、病毒控制在极少的范围内。这个打基础的工作。主要应从如下几个方面着手：

①严格消毒盆具、基质、种苗、场地，以杜绝侵染病虫原。

②合理用肥，注意添施生物菌肥，养旺根群，育壮植株。

③注意调控好光照、温度、湿度、通风量，给兰株创造一个基本与其相适应的生态环境。

④调动株体的生长潜能，提高免疫力。每季喷施一次植物动力2003。每季喷施一次2 000倍液医用阿司匹林。上述一肥一药的施用，应间隔3～5天，不宜混合。

### 二、选用无污染药剂防治

**1. 医用药剂**　细菌性病害多选用链霉素（农用链霉素既经济，又便于使用，效果也较好）。真菌性病害多选用500～1 000倍液氯霉素、土霉素、灰黄霉素。对局部性真菌病斑，可选用达克宁、必伏、皮炎平、复方咪康唑等软膏涂抹病灶，也可用50倍于药膏量之20℃许的温水，搅拌溶解后，浇施。

**2. 生物杀菌剂**　大蒜、生姜、辣椒、旱烟草浸出液50～100倍液喷浇。也可在盆面撒放大蒜泥、生姜、取其气味杀菌。

**3. 无公害化学杀菌剂**　以跨世纪的无公害广谱杀灭真菌细菌剂——美国产可杀得2 000疗效高，且不产生抗药性，为最佳。

**4. 生物杀虫剂**　能杀灭介壳虫、蚜虫、粉虱、红蜘蛛等害虫和地衣、苔藓的是8～

25 倍液松脂合剂。能杀灭蚜虫、蓟马、红蜘蛛的有：40～50 倍液的棉油泥皂；50～100 倍液的旱烟草浸出液。

**5. 无污染化学杀虫剂** 医用10倍液风油精；10～20 倍液卫生用灭害灵。

## 第七节 提高病虫害防治效果的举措

对于病虫害的防治，历来都提倡“防重于治”。可是由于兰株形态的特殊性和防治措施不当等原因所致，往往是防不胜防，治也治不了。大家都在不懈地探索良策。现把余多年探索的初悟，分述如下：

### 一、育壮植株是提高防治效果的基础

如是滥种失管，或是种管失当，多是根烂、株瘦、叶黄，弱不禁风，日趋告亡，病虫害常乘虚而入侵，它几乎少有能力输送药剂至各部，去杀灭菌虫害。只有精当栽培，合理管理，养旺根群，育壮植株，才有自身的免疫力和输送药剂的能力。

### 二、严把清杂消毒关是提高防治效果的关键

事实上，种苗、基质、盆具、场地等都有可能夹带菌虫原和病毒原。如无认真清杂、消毒，隐患无穷，高温高湿期一到，菌虫、病毒大肆繁衍，立体为害，使你措手不及。多次施药，也难以控制灾情。假使我们重视严把清杂消毒关，把菌虫、病毒原减少到最小的程度，即使是有昆虫义务传染来少许菌虫、病毒原，一旦危害，数量也少，也不可能所有菌虫、病毒一齐蜂拥而至，相对容易控制或扑灭。

### 三、定期施药防治是提高防治效果的根本

由于当今各种作物国际间大量交流，地区间相互引种，其菌虫原、病毒原，也随着交流、引种而传播，致使闻所未闻的侵染原频频出现。而这些侵染原，又随着浇水施肥、风力的传送，昆虫的义务传播而遍布，又因无法对症下药和施药不周到等，抗药性种群不断增加。尽管怎样防微杜渐，菌虫病毒的侵害也难幸免。再者，绝大部分药剂的残效期均为 7 天。因此，必须定期施药防治，才能确保减少菌虫、病毒的危害。对纯属观赏性莳养的零星盆兰，因分散陈列，通风透气条件较好，相对侵染原也较少，可以每隔半月进行一次防治性施药。至于规模化批量莳养的，最好每周依各种菌虫情选择药剂喷施一次，至少每旬施药一次。

### 四、讲究防治方法是提高防治效果的策略

①提高株体免疫力、抗逆性，以增强株体的抗污染力和运输药剂的能力，是提高防治效果的重要策略之一。主要注意适当提高钾肥的比例、微量元素的补充。每季喷施植物动力 2003、阿司匹林各一次。

②对症选药，才能事半功倍。注意参考书报杂志，认真观察病虫情，实验对比，不耻下问，以逐步提高辨证水平，力求对症用药，有的放矢。

③精确计算药剂稀释浓度，注意药剂有效含量，按说明合理混合，讲求稀释顺序和方法，以充分发挥药剂的效能。

④贯彻定期防治与依灾情突击防治相结合的防治方针。在正常情况下，定期施药防治，但要注意各类病菌、病毒、虫害的繁衍为害规律，依灾情选药与周期性用药相结合。如遇有新的菌虫、病毒灾情发现，应一鼓作气，不让菌虫、病毒有喘息的时间，乘胜追击。如人打针治病一样，每日或隔日施药一次，续2～3次。力求全歼，不留隐患。

⑤久雨放晴或暴风雨过后，空气湿度大，温度高、随狂风而广为传播扩散的菌虫害高速繁衍为害，应该不拘泥于施药周期，突击喷施广谱、高效治疗性灭菌杀虫剂。如等待施药周期，将增加损失和治疗难度。

⑥施药时，应力求全面周到。应把喷枪伸入株丛中，处于盆面上，喷嘴朝上，逐步往上提起，随着边翻动叶片边喷施，力求喷及所有叶背；然后把喷枪提到叶丛面上，喷嘴朝下喷施，力求喷湿株基和盆面基质；最后喷及所有盆外壁、盆底、兰架下、通道和周围环境，不让侵染原有任何避难之场所。以避免处于隐蔽的侵染原，因没接触药剂，又受到药味的熏蒸而产生耐药性而形成凶恶的抗药种群。力求干净彻底地消灭之。

⑦给药剂添加增效剂。为提高药剂的杀灭性能，药剂厂家已在研制药剂的增效添加剂。在增效添加剂尚未面市之前，笔者从油炸排骨，先用米醋调生排骨，能使骨肉易离、筋和嫩骨易脆，又从烧补过的塑料桶装水不漏，盛米醋就滴漏不止得到证实，醋具有极强的渗透力，足以引导药剂直达菌虫体而增强杀灭效果，又可调整药剂的酸碱度，尚可增加株叶的营养。因此，凡是中性、偏酸性药剂，均可在药剂稀释液中加入食用米醋，用量为：一背负式喷雾器的药剂稀释液中加入50～100克的食用米醋。

# 第十一章　墨兰名品选介

（本书插页的品种，一般不在此重列）





## 一、素心品系

**1. 传统素心名品**

(1) 企剑白墨

①仙殿白墨　清末年间，在广州市德政北路广成子大仙观殿前的榕树下被发现采育。为前广雅书院掌教沈考芬先生种养。取产自仙殿山而得名。本品根系壮旺，假鳞茎蛋圆形，叶鞘紧箍叶基，叶柄环明显，叶态企立，老叶端部略显弧垂。叶质厚实硬挺，叶形呈长纺锤形、顺尖收尾，端缘有微齿，叶面较平展，光滑油亮。花期1～3月。花莛细挺，莛花16～23朵，极香。正格全乳白花，合蕊柱也是白色。该品植株中大，英姿挺拔，为企剑白墨之杰出代表品，深受海内外各界人士的厚爱。为流传最广的素心墨兰。

②柳叶白墨　又称云泉仙馆白墨素、欧家墨。原为大良镇的欧氏种养，后为西樵山云泉仙馆珍藏。它的株态比仙殿白墨不紧凑，叶柄环上就开始展叶面，呈柳叶态。叶鞘不紧箍叶基。莛花18～20朵，为黄白色香花。

③李家白墨　为广东省佛山市李氏茶商所种养。由于培养者不幸失明，以后有人称其为佛山盲公墨。本品叶鞘尖呈爪状内勾，莛花15～18朵，为黄白色香花。

④江南企剑白墨　产于广东省博罗县罗浮山。本品叶长达70厘米许，为企剑白墨系列中，叶片最长之品种。株叶开幅小，叶断面微中折。叶质较薄而硬挺，叶鞘紧箍叶基，为浅黄色香花。

⑤早花江南白墨　又称江南大凤尾素。本品叶质厚硬，叶基斜立，叶端较阔，叶中部开始弧曲，先端微向上扭转，恰似凤尾态。花期“小寒”前后。为白泛青晕香花。

⑥短剑白墨　叶长仅40厘米许，莛花5～10朵，花径约为仙殿白墨之2/3大的白色香花。

⑦玉版白墨　叶似柳叶白墨，但其叶端浓绿而有微扭，而又被称为扭嘴绿。为淡绿色香花。

⑧匙羹白墨　叶质厚实，叶中部开如弧垂，先端又上翘，呈烫匙态而得名。广东南海、顺德常有人栽培。

⑨茅剑白墨　为企立叶态，先端微垂扭。叶质薄而硬，叶色浓绿而少光泽。叶缘有叶齿，叶端背主脉也长有茅刺。依此专有特征而被称为茅剑白墨。此叶片之特征，即现

代兰友称之为“三面刺”，可称为“三利白墨”。其花白而香浓。

（2）软剑白墨

①挞褛软剑白墨　本品为环垂叶态，叶鞘张离，叶片环垂于盆缘。叶宽4～5厘米、长55～65厘米，莛花8～12朵，为黄绿色香花。

②软硬剑白墨　本品叶片具纵皱褶卷，称其为行龙白墨也许较确切些。本品风采独具，深受珍爱。

③绿墨素　本品为斜立叶态，端部稍弧垂，叶色深绿。其花莛、萼片、花瓣、蕊柱均为绿色，故而得名。

④普通软剑白墨　本品为斜立叶态，端部弧垂。叶质薄，叶面嵌有指印模样凹陷。莛花18～20朵，花萼青色，花瓣白色，花味芬芳。

⑤绿仪素　本品产自福建。为环垂叶态。叶宽3～4厘米，长60～70厘米。莛花9～15朵，为淡褐绿色大型素花。花味醇芳。

（3）奇花白墨

绿云　本品为斜立叶态，新叶半直立，老叶端部弧垂，新老叶均密泛浓绿云朵状斑纹。假鳞茎呈长椭圆形竹节状。云朵斑、竹节状茎为花前识别品种的重要特征。叶宽2.5～3.5厘米，长35～45厘米。叶质厚糯，光滑油绿。花莛高50余厘米，花莛、花朵皆为青绿色，莛花9～12朵。萼片与花瓣共6片，呈六角形排列；合蕊柱居于花中央，其周围有好多绿色小木耳状的小花瓣簇拥着合蕊柱。有的蕊柱已退化。花蕾初绽时，朝天状，1～2天后下转正面。本品叶幅宽阔，株高中等，株态洒脱，为叶花皆奇而秀之素心墨兰奇花珍品。

（4）线艺白墨

银丝白墨　本品依其叶片具有众多断断续续的白色丝状条形斑纹而得名。可能为当今的多种叶艺素心墨兰白玉素的前身。为黄白色素花。是由仙殿白墨进化而来的。

**2. 近代素心名品**

（1）正格素心

①绿英　为斜立叶态，端部微弧曲。叶幅宽阔、叶肉肥厚，叶色墨绿油亮。莛花多达13朵，花为深绿色，香气醇芳，花径略比绿云小。

②正格玉兰花　叶材高大、斜立弧垂叶态。叶色墨绿，少光泽。花莛略有小弯曲，为平肩狭瓣大花，花瓣短阔，分立于合蕊柱左右，弧抱蕊柱，花色土黄、萼瓣端泛绿晕。

③黄金宝　本品为中等叶材。花莛花柄翠绿色，为小落肩型素香大花，萼片、蕊柱和捧背翠绿泛黄晕，捧面与唇瓣为鲜黄色。

④黄玉　本品与黄金宝相近似，惟花径较小，萼片、捧背为浅灰绿色。

（2）花艺素

①玉妃　本品花莛、花柄为浅乳黄色，为细瓣平肩淡粉红花嵌浅红条。捧瓣短圆合抱蕊柱，大圆舌粉红底镶白缘。花莛、花柄、花朵富有透明感，花色秀雅，花容俏丽，令人珍爱。

②金王星　本品为近似平肩型、细瓣金黄色花，萼捧微泛浅黄红条纹，大铺舌金黄

泛淡红晕。花容俏丽，为素中有艳之素心花艺名品。

(3) 奇花素

①六瓣玉兰花　本品花瓣已演化成萼片状，唇瓣也异化成与花瓣同形同色。合蕊柱已裂变成木耳状之小花瓣。萼片、花瓣和异化唇瓣的中心部与端部均泛翠绿晕。色彩对比鲜明，十分秀雅。

②黄莺　本品为赤金色平肩大素香花。其直圭舌根异裂，明显乳突高耸，十分别致。

③荷形素　三萼中部宽而端钝，捧短阔，为难得的宽萼素心墨兰佳品。

④矮素奇　此为素心墨矮种奇花。它除了唇瓣增多外，还围绕合蕊柱增生许多如唇瓣色泽的小花瓣。构图别致，绿白黄交辉相映，格调高雅。

⑤分莛榜墨素　本品产于广西平南县，为吴克坚先生所选育。它之奇，在于花莛上分生总状花莛。为墨兰罕见之奇，又填补了榜墨无素心之空白。其花色白，泛翠绿晕，捧瓣略紧边。叶态斜立，叶端斜垂后，又呈授露形上翘，叶端钝圆，叶齿细锐，叶缘后卷、主脉后凸，叶色浓绿油亮。

(4) 多花名品　多花白墨素产于闽西永福山野。莛开素香花，多达28～38朵，育壮的可多达40余朵，是素心墨兰中莛花朵数最多的名品之一。

(5) 线艺素心墨兰

①白玉素锦　为当今素心墨兰中叶艺最多、最高的珍品。它不仅线艺性状稳定，而且续变力甚强，已出现多种叶艺深受海外爱好者的青睐。

②帝墨兰　因本品为中透叶艺而得名。本品为广西平南县吴克坚先生选育之中缟中透叶艺和银边多瓣、多花素墨。叶姿如大鹏展翅。莛开40余朵大花，盘旋而上。为奇特之高艺、多瓣镶边奇花素心墨兰稀珍品。

③香君　产于台湾苗栗县狮潭乡山间。为斜立叶态，大扫尾叶艺。花茎、花萼、花瓣、唇瓣均为乳黄色。

## 二、传统名品

**1. 小墨**　即小型墨兰，也就是当今所崇尚的矮墨。因为它的叶片长仅有21厘米，而它的宽又有2厘米余。半垂叶态，富有光泽。花莛、花柄、花被均为青绿色洒红条点斑彩。这样的小型墨兰，虽尚不全具矮墨的七个标准，但它小巧玲珑，适合于案头、茶几陈列观赏。这样的绿色花，洋溢着万般生机；绿上间洒红彩，象征着吉利，寄寓生机长久。这样的普通矮墨，色、香、形、韵样样不差，物美价廉，人见人爱。盛产于闽西南和广西等地。

**2. 徽州墨**　为斜立叶态，叶中段增宽、微斜垂而有翻扭，姿态婆娑、风采不凡。叶长50余厘米，宽3厘米许，浅绿色，稍有光泽。花莛皮绿色，花色紫红，有芳香。据考证，原产于福建南部，可能在古代曾被安徽省徽州客商所青睐而引种，因而被命名为徽州墨。现今，与其相似的墨兰不仅可以采集到，而且也有人成批培养，是出口品种之一。

**3. 江南企剑**　简称企剑，也称企黑，产于福建。由于它叶短而阔，叶端钝尖，多为矗立叶态，仅部分老叶有弧垂，株形叶态宏伟而洒脱，发芽率高，易开花，深受海内外人士青睐，也是批量出口的良种之一。

**4. 山城绿** 产于福建南靖县山城镇。叶幅3.2厘米，长65厘米，弓垂叶。花莛色绿，莛高70余厘米，莛花13～17朵。其最下部的一朵花的苞片长于子房，此为识别该品的主要依据。

**5. 秋榜** 本品叶质较薄，长70余厘米，宽3.2厘米，为弧垂叶态。9月下旬始花，花紫褐色，香气稍差些。不只一种花色，有粉白底披淡红彩、青黄底披红彩、金黄底披紫红彩等，可为大型庆典增添欢快热闹的气氛。产于广东、广西、福建、云南及台湾。

**6. 秋香** 株型比秋榜小。叶厚而弧垂，叶阔2厘米许，长40余厘米。9月上旬始花，香气较秋榜强些。也产于广东、广西、福建、云南和台湾。

**7. 水照春红** 本品叶材宏伟，近似立叶态。叶长70～90厘米，宽5厘米以上，叶面平展，叶缘不卷，叶端短钝尖，叶色墨绿。假鳞茎大如小酒杯，十分宏伟壮观。1月下旬花莛伸展，春节期间盛花，常陆续出莛开花，直至4月终花。花色褐红，唇瓣黄底洒红斑，浓芳四溢。是喜迎新春时，厅堂口、居室角落绿化、美化、香化、净化的上乘素材。本品盛产于闽西南等地。

**8. 凤尾墨** 各墨兰产区均有出产。叶下部直立，中段开始弯垂且略扭转，恰似公鸡尾而得名。花莛高达近米，莛花10余朵，为黄底披褐红彩条香花。

**9. 香报岁** 也称香墨。以其花香格外浓取胜，又有花莛高耸、黄底披红彩花多达20余朵而深受各界人士的厚爱。它的叶态多样，有如徽州墨样的轻扭叶态，也有挺直四面开拔的叶态，又有“三面利”的特征。尚有环垂叶态的品种。各产区均产有此品种。

**10. 金边墨** 叶缘有明显的金黄色条纹镶嵌。一般边艺仅占2/3叶缘，叶基部分多无边艺，也有的已进化成全叶缘均镶嵌有晶亮的黄色艺体。其花多为金黄底披褐红色彩条纹，唇瓣洒有鲜红斑块，有香味。主产于福建。

**11. 银边大贡** 叶缘镶嵌有晶亮的银白色艺体。一般线艺体不及叶基。但有的不仅已进化成全缘有白线艺、甚至叶端和整片叶面均有中斑缟艺。绿茵茵、银晃晃、香喷喷，着实令人喜爱。主产于福建和广东等地。

**12. 金嘴墨** 叶态与徽州墨相近似。叶端缘镶嵌有2～8厘米长的黄色线艺体。花色褐红，有香气。原产于广东、福建。

**13. 玉花报岁** 墨兰畸形花。花莛高，绿白色。莛花朵数较少，但花径比较大，且畸形。花色黄带紫斑。萼片披针形，三片形态不一：中萼片后卷；左萼特别短小；右萼大而长，且朝同一方向伸展。萼片色黄而披有紫红条纹。花瓣一大一小向上耸起，色乳白带紫纹；唇瓣下垂反卷，洒有紫红斑块。产于广东。

**14. 大乌龙** 墨兰紫灰色花。花莛青紫色。莛花5～9朵，浅黄灰色花带紫红。萼片长，披针形，端尖，灰紫色。花瓣短而宽，淡黄色有紫红脉；唇瓣长而反卷、黄色，中裂片紫红色镶红边。产自广东。

**15. 鹦鹉墨** 此为黄绿带紫色花墨兰。花莛黄绿泛紫晕，莛花7～19朵，花柄短，靠近花莛，花径中大，浅黄绿夹紫色。萼片宽带形，边缘内卷，三萼均向后翻卷。花瓣短而宽，呈三角形，前伸状；唇瓣长，下垂反卷，黄色洒紫斑。产于福建、广东等地。

**16. 思茅白墨** 它也称思茅墨兰或云南墨兰。它虽名为白墨，其实是白底夹红彩花，并非像仙殿白墨那样的素心墨兰。花莛绿色，鞘和苞片褐黄色，有花7～9朵。花萼、花瓣皆白色，微泛淡红彩条，唇瓣白底洒红斑。产于云南思茅地区。

此外，尚有落山墨、朱砂墨、新山墨、直剑墨、虎斑墨、长汀墨、牛角墨、李家墨、良口墨、纤纤、香报岁、南靖墨、老山墨、银边素、尤溪报岁等。



## 三、墨兰五大奇花简介

**1. 大顿麒麟** 牡丹型奇花墨兰大顿麒麟，是台湾省知名兰家郭宗徽、郭俊成父子于1977年采于台北大顿山区。郭氏父子依其花形似吉祥动物麒麟的头形，结合花的产地大顿，而命名为大顿麒麟。

本品根呈鹿角形。假鳞茎长椭圆形竹节状，叶脚相对较细，叶柄环明显。叶基呈斜立态，中部开始弧曲。叶幅如拇指宽，长55～65厘米许。叶质中等厚度，叶色浓绿而有光泽。叶断面较平展，但主侧脉沟深邃，叶缘微后卷，端面常有双箭样叶沟，也称叶剑。长尖叶端，叶齿细锐，端背主脉骨也长茅刺，共构成三面刺。叶尖长有一白色嫩刺，有的叶面嵌有不甚明显的银白色细小线段或小斑点。现已出现爪艺株。



本品为大出架花。花莛色有两种，多为青色泛淡灰紫晕。其花色也以青色为主，花的结构相对简单些。紫红色花莛的花，也相应有较多红色成分，其唇瓣化部分的红斑块更为鲜艳。花的结构也复杂得多，常有花上花的奇观。它的第一层花萼常为柳叶瓣形；第二层为水仙瓣形；第三层为花瓣，多达十余瓣有时起兜；唇瓣呈双层三裂褶卷，其上的鲜红大斑块，十分醒目。每朵花多达三十余瓣造型奇特。青、黄、绿、白、红、紫、多色交相辉映，绚丽夺目。更为可贵的是，莛花耐久长达百日，清芳四溢，沁人心脾，堪为国兰中之珍奇品。

**2. 国香牡丹** 是台湾省兰友高进禄、李和成于1979年春节，拜访陈国林先生时顺便赏选出的，后转到林清田先生处培育。三年来，叶背细银依然存在。莛花5～6朵，朵朵朝天而开，多瓣、多唇，蕊柱中段再生一朵与本花过半大之多瓣小花。由于该花是蕊柱拔高裂变型的奇花，因此年年牡丹花型十分稳定。

该花以鲜红、乳白、青绿为主色，间泛浅黄。绿瓣托鲜红间白泛青黄晕的本花，托住以绿托白缀红的花上小花，而它们又在宽而长、呈拥抱态的紫泛红绿晕的萼片的映衬下，层次分明，情态各异，色彩斑斓，令人注目。那阵阵幽芳，沁人心脾，令人油生爱意。

该花一展示，人们无不竖起拇指啧啧称赞，愿它有个应得之芳名。于是1981年，林清田、李和成先生把它命名为“国香牡丹”。

国香牡丹于前几年已初现叶艺，并在不断进化之中，将来的国香牡丹将是叶艺、花艺双优之稀珍品。

**3. 文山奇蝶** 本品是台湾省兰友刘桂林先生采于台北市文山区石碇乡乌土堀村山谷之具有斑艺的实生小株。经其4年的精心培育，开出莛7朵，朵朵朝天的菊型艳丽奇蝶花。圆了兰艺界祈求菊型蝶之梦。

文山奇蝶的花莛细圆而呈倩女的身段，莛上疏密有致之七朵瓣姿曲折婉约，五彩斑斓香花，有如彩蝶飞舞，也如仙女飘然下凡，引人遐思，令人珍爱。

该品于1977年在台北第二届兰花展览会上展示，轰动全省。并由台北市国兰协会名誉理事长杨森先生依该品是罕见之菊型奇艳蝶花，与产地文山结合，命名为“文山奇蝶”，并挥墨题写兰名，赠采育者刘桂林先生留念。同日再由林建文会长介绍转让兰友培育。又于1988年经台湾省国兰协会第六届第九次理监会审议通过，准矛登录。

**4. 玉狮子** 本品花之形与色，宛如狮子怒吼之态而为名。是多唇多蕊柱之奇形花。花瓣宽阔浅绿色，个个柱头鲜黄色，唇上红斑呈放射性排列有序，中裂片黄绿色，纯净无瑕。堪为造型别致，色彩绚丽之奇花珍品。

**5. 馥翠** 本品紫红萼片长而宽，唇瓣化的花瓣与唇瓣同样后翻微卷，并同为乳白底嵌大块鲜红斑彩、有的花，唇瓣增一，构成十字形。蕊柱鲜红，药帽二裂分明、形似一尊佛像。全花造型别致，色彩斑斓，清香萦绕，令人驻足。

本品为唇瓣化花奇瓣珍品，故为墨兰五大奇花珍品之一。

## 四、墨兰五大新品奇花简介

**1. 神州奇** 号称中国第一奇花。

1992年，广东省顺德市春节兰展时，一盆由冯锡海、何广富等送展的莛花似毛竹之枝叉状，叉叉锦团簇拥，朵朵花上又花再添花的空前多瓣奇花，轰动了海内外兰坛，各种新闻媒体纷纷以“中国第一奇花”为题报道，频频转载。

面对前所未见之奇花，在啧啧称绝的同时，大家都在想，给奇兰取个好名。很多人提议，这次兰展，岁次为壬申年（1992），“申”的谐音是“神”。它大可显示此兰之神奇；从兰展地与培育发现地为珠江三角洲，而这个“洲”字的三点水，寄寓财源如水滚滚来，又可与“神”字组合成“神州”而指奇兰产自中华大地；而该花莛，高米余，似一丛毛竹，叉叉生着花，朵朵花上又再添花，不论是花序、花的层次和花的瓣数等，均为前所未见，足以称奇。而这个“奇”字，上为“大”字，下是“可”字，也可理解为“大有可为”。台湾资深兰家陈七雄先生等都一致认为，此名甚好。

神州奇之花一般有三个特点：

①莛花高大。花莛大大超出叶丛面。总高度米余。花柄（即子房）也格外长。一般在15厘米许开第一层花，加上花高5厘米，就有20厘米高，接着当第二层花开时，就有25厘米许，到第三层花开时，便有30厘米许。这样全莛16个以上子房都开三层花，且层层分生花朵，这样满莛奇花簇拥，异常艳丽壮观。

②花上添花。每一朵花开放时，在萼片上开出一大团，共有大小十余枚花瓣，并在花上长出第二层3～5个花蕾；在第二层花开放时，花上再长出第三层1～2个花蕾。如此层层叠叠，如十六层宝塔，次第盛放，莛花期长达4～5个月，堪为前所未见。

③花瓣特多。当第一层花蕾开放时，萼片和花瓣已多达20余枚，到第二层花开时，大小花瓣就多达80余枚。如果不惜兰株消耗太过，让其第三层花开放时，其大小花瓣，将会有百余枚之多。

在花期，可以从“分叉、巢型、菊瓣、复色”八个字来认定此花。那么，在无花的情况下怎样识别它呢？通过反复观察，笔者总结大致可以从下列六个方面仔细辨认之：

一看芽色。它的花芽和叶芽，刚出土面时，均为白色，但不出三日，由于光照的刺激，便逐渐出现红彩条纹，接着转为青绿底泛紫红彩纹。

二看鞘形。它的第一片叶鞘（甲）往往向外散伸出，如增生的小指状。芽尖的护甲也常出现歪折状。花芽长至7～8厘米高时，轻拨开苞片，可见到分枝、多瓣的胚胎。

三看幼苗。它的子代幼苗，质细糯，嫩绿油亮。叶幅窄，边缘无齿，叶尖微扭并分级收尖。叶面明现木纹体，尚有一条若隐若现之蓝色丝状体，呈波浪状横过叶面。

四看父叶。父代叶幅比子代叶幅宽，叶尖逐渐摊平，叶背主脉骨有锐利感，叶端缘锐利，端背主脉骨的叶茅，也很锐利。叶面木纹十分显眼。

五看爷叶。爷代叶幅，常稍宽些，叶尖平直，急速收尖。三面刺暂消。叶色转黄绿，叶面木纹增粗，光泽度减低。

六看整体。它为中垂株型，散扭甲、变色芽、木纹面、三面刺。大多数叶尖稍歪扭下垂，底部首片叶格外短，花芽尖也有歪折扭状，叶幅1.8～2.5厘米，长40～45厘米。

**2. 珠海渔女**　墨兰多瓣奇花——珠海渔女，系珠海园艺场周少东工程师于1990年从下山兰中选出，历经三年的精心培育，年年开花，性状如此后，于1992年冬披露于广州市兰花研究会主办的《兰花简讯》第四期上，随后依兰界有关人士的建议，并经珠海市领导的赞同而更名为“珠海渔女”。并经国家兰花品种登记注册委员会的考核评定，正式命名登录，编号为003。成为中国兰花品种正式登录的第三名。

珠海渔女属垂叶型，株叶2～4片丛生，叶长35～55厘米，阔1.8～3厘米。假鳞茎圆形或椭圆形，茎周径6～8厘米，常一茎同时分蘖2个新芽。生长力强盛，叶色深绿油亮，叶缘有微齿。

珠海渔女容易开花，多于11月上中旬露出花莛，翌年二三月开花。单朵花耐久期为28～35天，多是中段花蕾先绽放、然后上下次第而开。莛花期长达五六十天。

它的花莛高达60～70厘米，细圆挺直，色深绿泛紫晕。莛花9～13朵，花径6厘米，开花时子房不扭转、朵朵朝天开放。萼片、花瓣尖微内卷，边缘呈波浪状弯曲，色翠绿，嵌有紫色条纹；合蕊柱青黄色，花粉块金黄色。

珠海渔女的花的最主要特点是合蕊柱高度裂变和增生。正因其可变因子充盈，而有多瓣、多唇。甚至是多彩的源泉与奇变性能的相对稳定的保证。

它的每朵花中，都有一枚宽0.8～1.0厘米的大合蕊柱，花粉块呈圆珠状三裂，其上侧着生两片卷曲的绿色小花瓣，有规则地抱向中间一块花粉块，似有“犹抱琵琶半遮面”之情态。其下侧底部又连生3～4枚发育不全的小蕊柱，很像花菜样。在这大合蕊柱与群生合蕊柱之间，又有数片小花瓣，把其分隔成两层，起着相互映衬的作用。

其第二个特点是，它的唇瓣有4～5枚之多，且有规则地分三层排列，平伸不反卷、端尖兜卷。唇瓣中央嵌有一条紫绿色全透条彩，中裂片绿色，嵌有对称红斑块，侧裂片，黄底泛红晕。

它的第三个特点是，花瓣数量多。全花，萼、捧、唇共有16～23瓣之多。这众多之花瓣都以中萼片和主唇瓣为中轴。排列对称，多而不乱，奇而有致，秀雅而庄重。

花形如风筝。取其“犹抱琵琶半遮面”之倩女意，与花之选育地相结合而得名。全花构图别致，充满着艺术感，多种色彩相映成趣，绚丽夺目。清香萦绕，堪为罕见之多瓣奇花。

**3. 瑶池一品** 瑶池一品是从下山实生苗中选育出的。为多瓣、多唇、多蕊柱之牡丹型奇花。它的奇，主要在于合蕊柱裂变增生。因之有了相对稳定的奇变；其次是它的两侧萼、花瓣、唇瓣、增生之小瓣全是对称着生；还有就是它的花期长达季余，浓馥芬芳、株形宏伟。

本品之合蕊柱头特大，犹似一块晶莹的“瑶玉”其上三裂四颗的金色药帽也十分整齐地并列着，其下，形态各异而又对称而生的众多小花瓣，构成了湖形，其间又增生了一枚合蕊柱。据此情、此态、此色而命为“瑶池一品”，台北市国兰协会前会长郑景把其更名为“大胜奇花”。

**4. 飘逸** 集花序异化、蕊柱异化、花瓣异化为一体的墨兰奇花极品——飘逸，是广东省顺德市何伟济先生由下山墨兰中选出，并于1994年5月16日正式登录，登录号010。本品最显著的特点是：

①花序异化。本品由花序不等距离的异化，逐渐演化成头状花序。多朵花聚生于花莛顶端，宛如擎天彩球，甚为别致。

②蕊柱异化。本品的合蕊柱呈多样性异化。常有三角形蕊柱、扁形蕊柱、四方形蕊柱、蚌壳形蕊柱、六角形中空蕊柱等五种异化现象，且合蕊柱上之花药帽也多样的奇异裂变，实属罕见。

③萼唇增多异化。本品萼片常增一片或多片，唇瓣常增至3～4片。

萼片灰绿色镶白边，花瓣金黄披紫红脉纹、泛红晕，唇瓣白底缀红块。多色交相辉映，着色绚丽、雍容华贵，堪为奇花珍品。吴应祥先生称赞曰：“擎天一柱凌空飘，奇花多色神韵逸”，增添了中国兰花的无尚光彩。

**5. 佛手** 集花序、萼捧蕊唇异化为一体的墨兰奇花珍品——佛手，是1989年发现于福建省漳州市百花村的一个花农家院里。这株带“龙根”的八连体实生墨兰苗，由广州市符致群、张富财、张荣林三位先生精心培育了五年，便有二百余苗，共同将其命名为“佛手”，并于1996年1月申请登录，登录号037。

佛手为中垂叶态，叶宽2.5～3.0厘米，长35～40厘米。叶色浅绿，叶缘及叶端背主脉骨，均有明显的锯齿。

佛手花莛挺拔，莛轮生4～5簇多唇、多蕊柱、唇瓣化花瓣奇花。每一节轮上，3～5朵奇花轮生，其中有一朵奇花较大些，先开放、接着较小的花蕾相继绽放，竞艳献芳。

佛手的每一轮簇花，均以唇瓣化为主、间有多舌、多鼻的异化。萼捧橙黄泛绿披紫红彩，唇瓣和唇化部分，白底嵌鲜红块，红蕊柱黄药帽，色彩对比鲜明，交相辉映，绚丽夺目。

佛手这轮生奇花珍品，每每于春节期间竞艳献芳，那形如宝塔的艳丽芳花呈祥兆瑞，增进节日团圆气氛，韵味非凡，令人赏心悦目。

上列产于中国内地的五种稀珍奇花墨兰，奇得面广而独特，秀得清新而绚丽，香得适时而持久，是前所未闻之稀珍品，足与五大奇花相媲美，理可推为“墨兰五大新品奇花”。

## 五、墨兰奇花新品选介

**1. 金菊**　菊瓣复色奇花金菊，是广东省顺德市何建国先生自下山兰中选出。于1995年7月23日正式登录，其登录号为032。

本品为斜立叶态，中等叶材。叶长28～35厘米，宽2.2～3.2厘米。叶断面平展，叶缘后卷，叶中段较阔大，钝尖收尾，叶端略扭，叶色亮绿。

本品1月底至2月中旬陆续现花。莛花7～11朵。每朵花的花瓣增一。花瓣、萼片同形同色呈匀称的六角形排列，花色金黄底、泛红晕、披鲜红条。花心部，唇瓣残存，合蕊柱裂变成数小朵，花菜状小花。取其花形似菊，色泽金黄而为名。

**2. 彩燕**　分枝花序、平肩复色花墨兰——彩燕，是广东省佛山市陈才光先生从众多下山兰中选拔出的墨兰佳品。经多年驯化、开花证实，该品多分枝花序、平肩、复色的性能稳定，于1995年11月23日正式登录，登录号为035。

**3. 宝山奇**　墨兰奇蝶花佳品宝山奇，是陈秋生、陈永贤兰友选育于闽西南结合部山野。经多年驯化，证实其多瓣蝶化性能稳定而推出的。该品为中等株形，叶片已经出艺。

本品花瓣、唇瓣各增生一片，全部同形同色，共构成五星形内蝶奇花。蝶瓣白底洒鲜红斑块；萼片色绿，镶有少许龙形水晶体，也显部分唇瓣化；合蕊柱裂变异化成花菜状之小花瓣。堪为全方位唇瓣化之奇蝶花珍品。

**4. 复色捧蝶**　本品为广东省冯锡海、罗社福两位兰友选育。为中矮立叶品，叶面微中折，中段阔大，叶缘厚起且微后卷，钝尖收尾，叶色黄绿油亮。花莛青黄色，着花7～9朵，朝天而开，三萼片柳叶状，黄绿分段相间，花瓣、唇瓣各增生一个、捧唇共5片，全部同形同色，呈后翻态，金黄底色，基部缀有放射状鲜红彩，其余也间泛细小鲜红点斑。花形花色，犹似黄色美人蕉花状。合蕊柱残变、退化。全花造型别致，多色交辉相映，十分绚丽，令人珍爱有加。

**5. 宝岛奇**　本品系广东省澄海市远东国兰有限公司董事长兼总经理陈少敏先生培育。花莛花柄（子房）淡清黄色。萼捧唇全部增多。萼片常为4～6片，带状，白底泛淡青黄晕，间披紫红条纹并镶有白覆轮；唇瓣增生2～3片，色全红镶白覆轮；花瓣增生3～5片，青黄色披淡紫红条彩、镶白覆轮；合蕊柱异化拔高、绽开多花瓣、多唇瓣、唇瓣化艳丽小花。构成花上花的奇观。全花造型别致、色彩绚丽，花味清香。

本奇花常多朵对侍汇聚，宛如宝岛，格外有趣，风韵不凡。

**6. 东山奇荷**　本品系台湾省兰友林丰益、张光甫等共同培育和命名的子房异化、多萼多捧多唇奇蝶花。这可能是花柄（子房）异化类的奇花。此类花具有顶端伸长生长之优势。当花序排铃之后，子房出现伸长生长，原着生轮生萼片处，出现了互生如花莛上的小苞片样狭窄萼片。这种萼片重复了4～5个之后，它的顶端着生了许多花瓣和唇瓣，形成如蟹爪兰花状的花上花之奇观。本品除了在子房上互生了多个苞片似的萼片外，花瓣也大量增多，并有部分唇瓣化，深红镶黄覆轮的唇瓣增生3～5片，合蕊柱裂变异化成小花莱样。构图独特，着色绚丽，花味清香，花可开到6月，确为难得之奇花珍品。

**7. 无柄环奇**　本品为闽南山区下山之无指环奇花墨兰。花的双捧，几乎与萼片等宽等长，唇瓣异化成花瓣状，成了大瓣，呈六角形排列。合蕊柱裂变成两个，原着生唇瓣处的双侧，各增生一个小唇瓣，共构成了“622”奇。

〔注：假鳞茎之上2～8厘米处，有一圈如线粗的黄亮体，宛如戒指，此名曰：“指环”，或“柄环”，其指环的增多或全无，均可能是奇花的指征。本品无柄环奇，即无指环兰株，开出的奇花。〕

本品为斜立弯垂叶态。叶面平展，叶缘黄亮，叶面浓绿洒黄晕。叶柄上，无叶柄环。

**8. 龙蝶**　本品系福建省龙岩市薛国荣先生于1998年在闽西山野采集的下山墨兰，经四年精心培育，代代行龙叶、次次开出鲜艳之捧蝶香花，依叶龙花蝶而命名为“龙蝶”。

本品为中矮叶材，行龙叶，叶端扭拧卷曲形态别致，巧夺天工，令人赏心悦目。大出架花，三萼片柳叶形，成等角排列，萼端垂直下垂，恰似杯形艳蝶花的几架。双捧全异化成，与翻卷之唇瓣同形同色，位于上侧的合蕊柱，正好填补了三个蝶瓣之小空缺，使之成为大卷缘的酒杯形。这杯状花，色白泛金黄晕，有规则地镶嵌鲜红大斑块。在深紫红色，几架式萼片的映衬下，格外绚丽夺目。这斑斓大花朵朵朝天而开，由于各个子房着生于花莛的不同侧向，自然形成了朵朵斑烂大花盘旋而上，如龙腾飞，似蝶群舞、情趣非凡、寄寓祥瑞。也正是花遂人愿，乐为团聚欢度新春佳节的人们添趣助欢、呈祥兆瑞，确为不可多得的香化年花珍品。

## 六、墨兰瓣型花新品选介

**1. 梅瓣花**

①南国红梅　本品系广州市谭福台、叶满昌、翟坚三位资深兰花园艺家选育，并由谭福台老先生命名、登录。其登录号025。

本品中等叶材，假鳞茎椭圆形，叶鞘紧企、鞘尖长、内弯。鞘尖坚硬刺手。叶长25～45厘米。叶质较厚，叶色深绿，叶端部稍带微黄，全叶叶齿细锐。

本品每于11月上旬展露花芽，2月中旬始花，莛高60厘米许，莛10～11蕾，排列疏密匀称。三萼片端圆、紧边、起大兜、细收根；花瓣雄化明显，成硬兜状合抱蕊柱；小如意舌微下倾，但不后卷。合蕊柱略偏粗，微撑开大兜状花瓣。花容端庄，色彩橙红，雍容华贵。为十分难得之墨兰高标准梅瓣花珍品。

②南海梅　本品系广东陈仲祥、区迎金、谢宝明三位兰友共同从下山兰中选拔出的墨兰高标梅瓣花。其萼片为长萼形、一字肩。三萼片端圆、紧边、起兜、细收根；花瓣硬变，合盖合蕊柱；如意舌微上翘起。花色紫红泛绿。端庄素雅。本品株叶斜立，略呈半弧垂。叶色翠绿、富有光泽，生长旺盛。已于1996年7月8日正式登录，登录号045。

③岭南大梅　本品系广东钟明斌、何清正两位先生命名，由钟明斌、谢平、张景超、陈荣基、李凤兴等兰友共同培育并登录，登录号041。

本品为斜立叶态。叶质中厚，富有弹性。叶青绿油亮。生长力旺盛。

每于年底露出花芽，翌年2月排铃、展现芳容。莛花9～11朵。三萼片短阔、端圆、起兜；花瓣明显雄蕊化；小如意舌兜翘，为标准的梅瓣花。花色淡紫泛红，在黄药帽、白硬捧、绿中裂片的辉映下，也显得艳丽可爱。

④闽南大梅　本品产自优质墨兰的主产区之一的闽西南结合之偏南广漠山野里，由刘亚林、陈秋生等兰友培育。

本品为直立叶态，老叶端略显弧垂。叶宽2.8～3.8厘米，长48～68厘米。叶柄短，叶中段阔大，钝尖收尾，端缘有微齿。叶面平展，叶缘微后卷，主脉沟深邃，叶色浓绿油亮。长势旺盛，株态宏伟。

本品12月展露花芽，翌年2月排铃，春节期间献艳送芳。花莛粗壮高大，莛花17～19朵。三萼片短阔、端圆、紧边、起兜；花瓣雄蕊化明显；如意舌微兜翘，为标准之梅瓣花。花色淡紫泛橙黄晕，鲜艳可爱。

⑤如意梅　本品产于台湾省。为中矮叶材，花莛粗圆，紫褐色；子房也粗短。三萼片短阔、端圆、紧边、起兜，收根明显；花瓣半雄蕊化，明显起兜，分立蕊柱两侧；如意舌微下倾，紧边微兜翘。萼面紫红色镶黄边，花瓣黄绿色，唇瓣乳白色泛黄缘，药帽金黄色。全花宛如初升的曙光，秀雅而别致。

**2. 荷瓣花**

①桂荷　本品系南海市郭铭权先生从下山墨兰中选之标准荷瓣花。经七年开花，花形稳定，于1995年2月5日正式登录，登录号023。

本品假鳞茎球圆，叶幅宽阔，叶端向内收缩成兜状，使端背隆起呈圆珠形，端缘叶齿细锐，叶色翠绿。莛花9～15朵，花形端庄，排铃较密，花具香味。肩萼落肩形，具放角收根紧边特征，中萼前倾，微盖捧蕊；蚌壳捧合盖蕊柱，大圆舌下挂不卷。花色鲜红，披紫红条彩、泛金黄晕。唇瓣鲜红嵌黄缘。全花艳丽夺目。

②玉如意　本品系台湾省桃园县平镇乡马兆强先生培育。

本品为斜立弓垂叶态，叶幅宽阔，钝尖收尾，叶青绿油亮。花莛高于叶丛面，排铃密。三萼端放角、紧边、收根，中萼前倾；短圆捧分立蕊柱左右，大圆舌下挂不卷，唇面鲜红大斑块排列有序，镶黄缘。萼捧紫红披深紫红条纹。为标准之荷瓣墨兰花。

③奇龙　本品产于台北市双溪乡大坪村山野。由双溪乡外柑村吴水和先生采育，高价转让基隆陆秀川先生培育，最后由林清田、魏木霖两位先生合股购入培养后，开出奇花，在兰界引起轰动。

本品叶质特别宽而厚，叶柄也甚短，叶面满布细而深的条纹沟，叶缘锯齿细锐，叶尖格外圆钝，叶色黄绿。三萼片异常宽阔而短，萼端明显放角，萼缘明显紧边，收根，萼面深凹背隆。三萼片成等角排列，中萼片前倾似盖状；短圆捧也异常短阔，面凹背隆，由于合蕊柱如鸟翅膀增生，撑开了短圆捧，使之成了特大开天窗的捧态；异常超大的大如意舌，也面凹背隆，几乎与萼捧同大同形，褶片格外隆起而阔大。整个花容犹似张开的龙嘴，林清田先生依本品是矮种行龙叶和花容似龙嘴而命名为“奇龙”。

④富贵　本品产自台湾省东部的中央山脉。一位资深的养兰家于1974年采得五苗中矮墨兰，经七八年的精心培育，繁育出数千苗，品种特征相对稳定，于1981年正式登录。随后由新竹县关东桥林水波先生收购培养。

本品有五个显著的特点：一是奇叶、中矮。二是奇型花。三萼片矮阔、紧边、收根、端放角，面凹背隆；呈搂抱态的短圆捧分立合蕊柱双侧；大如意舌微微兜翘。可以说是标准之荷瓣花。三是奇色花。萼、捧同为深紫红色。四是奇舌。大如意舌，像汤匙状，托住硕大而特短的合蕊柱。五是出叶艺。有爪艺、黄中斑艺、扫尾艺、银斑等多种变化。

综观花容，应为标准之荷瓣墨兰。花容端庄，富有内涵。在墨兰品系中，的确是甚难幸遇的好兰。1976 年 12 月，日本兰界出版了一本《花之名品集》，书中评曰："无名墨兰梅瓣，色为深紫红色，其花瓣较宽，如春兰般之梅瓣，在报岁兰系列中，要找上列五个条件均已具备者甚少。"

⑤望月　本品为矮种奇叶荷瓣墨兰。三萼片异常短阔，收根、放角特征十分显致，端缘也具微紧边；蚌壳捧分立于合蕊柱之左右上侧角；合蕊柱短而略粗；特大圆舌微下倾，但无丝毫后卷态。应为标准荷瓣花，美中不足的是，捧瓣未能盖严蕊柱，有小开天窗的现象，但一点也不影响它被列入荷瓣花的资格。只是观赏价值稍逊些。

本品花莛粗圆，淡紫红色，萼捧同为紫红底披紫黑脉纹、略泛紫黑晕；药帽淡红色；大圆舌大鲜红色镶宽白边。着色特殊，具有格外的庄重感。

本品花姿上斜，镶宽白边的大圆舌，如同圆月、取其形与意结合而为名。

⑥十八娇梅　本品产自台湾省。为中矮种墨兰。斜立叶态，叶幅阔，叶中段尤宽，顺尖收尾，叶姿常如徽州墨那样有轻度扭拧。

花较细，莛花可多达 18 朵。三萼片短而宽，但无明显的"放角"，可以说是呈钝角棱形。花瓣短宽，成直立三角态，瓣端弧曲；大圆舌下倾不后卷。

从萼而论，既无梅瓣萼之特征，也无荷瓣萼之特征；从花瓣（捧）而论，由于没有明显起兜，既无梅瓣捧之特征，也无水仙瓣捧之特征。综观花容，本品不仅达不到梅瓣、荷瓣、水仙瓣的标准，甚至连团瓣也不及，只能称为荷形花。本书之所以把其列在荷瓣行列，是因本品不失为佳品，其名为梅，但有点荷形，把它列于此列，便于相互比较，以供研讨。

至原命名者，为何把本品命为"梅"呢？手头查不到有关资料，未敢妄断。只能试猜：首先应该是，本品早期的花品，就是梅瓣花，至少是梅形花。可能是，繁育者，为了追求高效益，施用多种催芽、促长手段，致使品种特性逐渐递减之故。

**3. 水仙瓣**

①紫翠荷　本品为广州市著名兰花园艺家谭福台先生所选育。为直立叶态、中阔叶幅，中矮株型。三萼片短而宽，虽无明显收根、紧边，但萼端却明显放角，中萼片弧曲，洋溢着内涵；双捧雄性化明显，大圆舌平伸。综观花格，堪为荷形水仙瓣花。

本品萼捧着色特殊，面为鲜而油亮的紫色，其背为青黄色镶扩散状紫覆轮；蕊柱鲜红色，药帽白色；大圆舌面鲜红色镶宽白边。莛与子房为青绿色。全花着色奇特，多色相映成趣，绚丽夺目，令人珍爱。

②红梅仙　本品系广州市谭福台先生选育。

三萼片，收根细，端椭圆起兜，但萼体较狭，不具梅瓣萼片之风采；捧瓣雄性化明显，大有半硬捧特征。符合水仙瓣花条件。

花为金黄色披深红脉纹又泛鲜红晕。色彩艳丽，雍容华贵。

③小梅　本品产于台湾省。为长阔叶材，其花莛高达70余厘米，开落肩形水仙瓣花（有的书刊说其为“梅瓣花”）。本品萼体虽不长，但既无收根，更无放角紧边或钝圆微兜，而是长尖。惟有捧瓣雄性化明显而有起兜。因此，只能勉强称为水仙瓣花。不过本品的花色倒是颇具特色。萼捧面均为鲜朱红色，瓣心部镶粗大中透缟艺样之青绿色，其花瓣又嵌有深黄色；瓣背为朱红色披青绿色彩条。这多色萼捧在深红蕊柱黄药帽、黄舌洒鲜红斑块的交相辉映，确实绚丽夺目。

④南国水仙　本品系广东陈少敏、刘仲健先生所选育。

本品三萼片竹叶形、双侧萼平肩、中萼端庄；花瓣明显雄蕊化，几乎盖没合蕊柱头，小如意舌。堪列为水仙瓣花。

⑤粤东彩龙　本品系广东陈少敏、刘仲健先生所选育。

本品双捧几乎全雄蕊化，硬结似半握卷状，也几乎盖没合蕊状。具备了水仙瓣花之首要条件。此外该花尚有两个颇具观赏价值之处。一是花莛、子房、萼片同为浅紫红色，萼片还间披有黄色中透线；二是三萼片中段开始呈横浪曲，犹似红绸舞之飘带，风采独具。

⑥龚州龙　系广西平南县卓一丹先生采自广西大瑶山。经多年精心培养，证实其性状相对稳定后，申请登录，登录号为029。

本品为半垂叶态，叶幅3.2～4.5厘米，高50～70厘米。叶质厚硬，叶面平展，叶缘微后卷，主侧脉沟明显，叶色浓绿油亮。

本品萼片短阔，呈手指头形、端圆、紧边、微兜而有明显收根，全萼缘常有浪曲；花瓣雄性化明显，异化成蝴蝶发夹样、遮盖花心部、淹盖没合蕊柱，唇瓣基部；长卷舌下伸并歪向一侧。综观花容，堪为梅形水仙瓣花。

此外该兰还有三稀奇之特色：

一是花莛、花柄、萼片、花瓣、合蕊柱、药帽、唇瓣等之正反面均为纯的淡紫红泛墨晕，颇似水墨画之着色。为前所未见。堪为第一大稀奇。

二是花瓣异化成蝴蝶发夹或纸扎蝴蝶状而淹盖花心部，犹如真蝶停息花心采蜜样，也为前所未闻，也堪为又一大稀奇。

三是花柄（子房）在花蕾绽放时，必定扭转180°，以利于人的观赏，在生物学上是为了招引昆虫传粉而扭转。这样的扭拧，增加了曲线美，也因此而得名“龙”。这花柄成龙，也是前所未闻，同样堪为再一大稀奇。

该兰龙形、古香、古色、风韵超群，又具有神秘感，应成为国家重点保护的墨兰品种之一。

**4. 团瓣**

吉福龙梅　本品于1977年采于台湾省宜兰县大雪山山脉。当时，养兰名家林清田购得12苗，经七年精心培育，五次开花，觉得该品花型、花色相当稳定而于1983年将其命名为“吉福龙梅”并登录。

本品为斜平垂叶态。矩圆形叶片，质厚而富有弹性，叶端钝圆而略具尖凸，叶姿略有扭拧，叶面起龙麟褶皱，皱纹粗而明显，叶面质地较粗糙，呈灰绿色，少光泽。

三萼片矩圆形，端略增大，顶端尖似有些尖凸，没有明显的收根、紧边；花瓣短阔形圆，似蒲扇状，分立于蕊柱左右，没有紧边、起兜；龙吞舌上之褶片异常增大、卷于侧裂片上，中裂片与褶片构成扁圆口袋状。

综观花容，均未具梅瓣、荷瓣、水仙瓣之重要特征，倒是基本与《兰蕙同心录》记述："开瓣有圆如龙眼壳者，五瓣均圆，舌亦圆短，蕊顶平如莲子倒生"较吻合。于是冒昧把它列入"团瓣"范畴。

本品萼捧正反面，同为深紫红色，蕊柱朱红色、药帽乳黄色、唇面纯朱红色、镶青白缘，褶片土黄色。全花紫红托五彩，艳而不浮华，显得十分庄重。造型独特，富有内涵，实为花叶皆优的佳品。

# 附录　古今赞颂墨兰诗句选摘





## 《题赵子固墨兰》

元·韩性

缕琼为佩翠为裳，冷落游蜂试采香。
烟雨馆寒春寂寂，不知清梦到沅湘。

## 白　墨

清·区金策

墨者不白，白者不墨。
墨者其名，墨者其实。
墨而能白，人浊我清。
涅而不缁，兰德斯馨。

## 题子镇墨兰

清·李慈铭

采采幽香远欲闻，郑公书带与缤纷。
虚堂客去风来候，绕壁寻诗总为君。

## 解语花·草兰

清·诸霞（女）

序：盆中草兰，置之盖有年矣，每到春时，长发最茂，色洁香清，以玩客窗雅玩。今岁花发倍常，香亦更甚，不意于元宵节，丛中忽生一梗，连缀四花。幻耶？瑞邪？赋此以记。

柳腰斜舞，杏靥含娇，明媚春光好。绿窗清悄，香径软，百卉迎花如笑。丛兰独巧，忽并蒂，四花连绕。想从来，一本根苗，两样繁英少。

陋室俨如蓬岛，似仙娥群聚，弄晴春晓。花容窈窕，湘帘下，素影参差回抱，香魂漂渺。又浑似，一群娇鸟，趁东风，齐上琼枝，带绿烟轻袅。

## 咏　兰

朱　德

幽兰奕奕待冬开，绿叶青葱映画台。
初放红英珠露坠，香盈十步出夜来。

## 题朱培钧墨兰图

潘天寿

最爱湘江水蔚蓝，幽香无奈月初三。
楚骚已是伤心史，何况当年郑所南。

## 墨　兰

任国瑞

霜风恶雪久侵凌，草木吞声未敢吟。
最恐炉边人堕志，强开紫褐报春临。

## 拜　岁　兰

蔡策勋

（一）

九畹飘香放几茎，幽然拜岁独含情。

清高淡雅尊王者，胜却群芳享大名。

（二）

腊鼓频催放几茎，幽香深谷气纵横。
迎风拜岁先征瑞，九畹清高得此名。

## 报岁兰

谭福台

墨兰称报岁，只为开花期。
生者本无意，赏者自多情。

## 题墨兰（七律）

诸葛经

姗姗秀骨异寻常，几度品题喜欲狂。
不惜千金求插帽，真堪一月省焚香。
花开秃竿迎风舞，雨过幽窗泼墨忙。
漫道画工无绝技，毫端时现美人妆。

## 题许东生《中国墨兰名品赏培》

澳门诗人：冯刚毅

岁首齐开早报春，喜观九畹画图新。
檀香逸远飘新宇，墨色端华展瑞辰。
讶有荷梅形罕见，岂无奇蝶品纷陈。
许君广撰群芳谱，赢得名声海内珍。

## 赞墨兰

许东生

（一）

秀叶宏株茁壮长，岁孕幽芳助君康。
知时献艳拜新年，见了都爱伴侣养。

（二）

婀娜秀姿盆中发，绿托艺辉映光华。
香花知时迎春开，贺君团圆年更发。

**图书在版编目（CIP）数据**

中国墨兰名品赏培/许东生编著. —北京：中国农业出版社，2002.8
ISBN 7-109-07775-6

Ⅰ.中… Ⅱ.许… Ⅲ.①兰科，墨兰-中国-鉴赏 ②兰科，墨兰-中国-观赏园艺 Ⅳ.S682.31

中国版本图书馆 CIP 数据核字（2002）第 047801 号

中国农业出版社出版
（北京市朝阳区农展馆北路 2 号）
（邮政编码 100026）
出版人：傅玉祥
责任编辑　石飞华　赵立山

---

中国农业出版社印刷厂印刷　　新华书店北京发行所发行
2002 年 10 月第 1 版　　2002 年 10 月北京第 1 次印刷

---

开本：787mm×1092mm 1/16　　印张：6.5　　插页：44
字数：145 千字　　印数：1～3 000 册
定价：88.00 元